2018年校级引进学科带头人和博士研究生科研启动项目（RHDXB201805）

先秦海洋观研究

张燕 宁波◎著

江西高校出版社
JIANGXI UNIVERSITIES AND COLLEGES PRESS

图书在版编目（ＣＩＰ）数据

先秦海洋观研究/张燕,宁波著.--南昌:江西高校
出版社,2023.11（2025.1重印）
ISBN 978-7-5762-4311-6

Ⅰ．①先… Ⅱ．①张… ②宁… Ⅲ．①海洋
学—研究—中国—先秦时代 Ⅳ．①P7

中国国家版本馆 CIP 数据核字（2023）第 213811 号

出 版 发 行	江西高校出版社
社 址	江西省南昌市洪都北大道 96 号
总编室电话	(0791)88504319
销 售 电 话	(0791)88522516
网 址	www.juacp.com
印 刷	三河市京兰印务有限公司
经 销	全国新华书店
开 本	700 mm×1000 mm 1/16
印 张	7.25
字 数	105 千字
版 次	2023 年 11 月第 1 版
	2025 年 1 月第 2 次印刷
书 号	ISBN 978-7-5762-4311-6
定 价	58.00 元

赣版权登字 -07-2023-814

本书以先秦海洋观形成、发展和影响为研究线索,以专题讨论的方式对先秦海洋观进行较为全面的研究。

首先,探讨先秦海洋观形成的时空条件、实践基础和思想基础。以贝丘遗址等先秦考古资料和文献资料中有关海洋认知和海洋实践的记载和研究为基础,梳理和总结先秦海洋观形成的时空条件。从贝类遗存、渔猎生活、饮食结构、葬式风俗和交通运输等方面探讨先秦海洋观形成的实践基础。重点抓住材料相对丰富的两周时期,对先秦诸子海洋观进行对比研究,进而形成对先秦海洋观思想基础的研究。

其次,总结先秦海洋观的核心内容。从海疆意识、海权意识、海政思想、海商思想、海洋审美和海洋生态思想等方面,通过专题研究的方式对"从典型的疆域概念中看先秦时期的海疆意识""以征服控制为主题的海权意识""以'官山海'为核心的海政思想""以'舟楫之利'为核心的海商思想""贝饰与就地取材的海洋审美""'毋竭川泽'的原始自然生态保护意识"等内容进行深入讨论,较为全面系统地提炼和总结先秦海洋观的主体内容。

最后,提炼先秦海洋观的主要特点,揭示先秦海洋观的重要影响。先秦海洋观的形成和发展源自早期先民从恐惧海洋、敬畏海洋到探索海洋、驾驭海洋的实践探索和经验总结,受到渔猎经济、半渔猎半农耕经济和农耕经济的影响。先秦海洋观逐渐形成了以陆地思维来认知海洋,以先河后海的认知来定位海洋,以海洋神话和海神信仰来体现驾驭海洋,从晦海、畏海到驭海的转变来经略海洋的特点。本书通过对先秦海洋观所蕴含的传统思想、执政理念、制度建设、经济交流和文化传播等问题的深入研究,提炼先秦海洋观在民族融合、文化繁荣、喻道论政、官职设置和行海经商等领域形成的重要影响,揭示先秦海洋观来源于实践又指导实践的现实意义。

第一章　先秦海洋观形成的时空条件

　　贝丘遗址从产生、发展到消亡,经历了从距今约 20000 年到距今约 4000年的时间,跨越了中国旧石器时代晚期、新石器时代和青铜时代。这一时期发生了从渔猎经济、半渔猎半农耕经济到农耕经济的转变,在这个发展历程中,以贝丘遗址为载体的贝丘文明、以经略海洋为主题的贝丘经济成为早期先民海洋观形成的时空基础。不仅如此,从以《尚书·禹贡》为代表的相关文献和后世学者们的考订论证可知,文献记载的先秦时期的海域空间包括了渤海、黄海、东海和南海区域,与沿海贝丘遗址分布的空间区域具有一致性,这进一步说明了史前辽阔的海域空间是孕育先秦海洋观的摇篮。

一、从贝丘遗址兴衰看渔猎与农耕文明的演进

　　从居住遗址角度来看贝丘遗址的发展特点,反映了沿海先民从临海而居、傍海而生逐渐走向定居的农业文明的发展历程。总体看来,贝丘居民的居住遗址呈现如下阶段性[①]:

　　距今约 20000 年至距今约 8000 年是我国沿海省区贝丘遗址的产生阶段,此时期典型的沿海贝丘遗址主要位于岭南地区,以桂林为中心,居住遗址均为洞穴遗址,遗址内堆积单一,表明了此时先民生活具有较大流动性。同时,也有部分洞穴遗址遗迹较为复杂,代表了此地先民生活已经开始走向半定居和定居的历程。

　　距今约 8000 年至距今约 7000 年是我国沿海省区贝丘遗址的发展阶段,此时期的贝丘遗址基本以广西的河岸型贝丘遗址为主,以南宁为中心分布,属于顶蛳山文化。与洞穴式遗址相比,此时期的遗址面积扩大,并且有了居

---

　　① 参考赵荦博士论文《中国沿海先秦贝丘遗址研究》第二章《贝丘遗址》所列数的材料和结论,对贝丘遗址所呈现的阶段性特征进行总结。

住区、丧葬区、手工业区和垃圾区等功能性分类,这说明此时先民生活的定居程度加深。

距今约7000年至距今约5000年是我国沿海省区贝丘遗址的鼎盛阶段,此时期的贝丘遗址分布在辽东半岛、胶东半岛、长江下游、福建东部沿海、两广等地区,遍布中国沿海区域。此时遗址面积从3000平方米、5000平方米、1万平方米、5万平方米到10万平方米不等,规模多样、大小不一。遗址内功能性分区明显,各地均出现建筑痕迹,典型建筑形制有半地穴式、地面建筑和干栏式;植物类食物遗存分区明显,北方食黍、粟,南方食水稻。此时期,南北方居住遗址差异明显:长江以北地区贝丘遗址的聚落规模大于长江以南地区,聚落布局也更加明显,长江以北地区贝丘遗址居民的定居程度和社会发展程度高于长江以南地区。

距今约5000年至距今约4000年是我国沿海省区贝丘遗址的衰落阶段,主要表现在胶东半岛、太湖区域和广西等省区内贝丘遗址大大减少甚至绝迹,辽东半岛、福建东部沿海和珠江三角洲地区贝丘遗址的数量相对较多。遗址内,功能性分区明显且多样,北方建筑遗迹主要以半地穴式为主,南方建筑遗迹主要以地面建筑或干栏式建筑为主。除去面积较小的贝丘遗址外,其他贝丘遗址定居性明显。

距今约4000年开始,沿海省区的贝丘遗址逐渐消亡,此时期以珠江三角洲一带贝丘遗址最为集中,此外是福建沿海一带,其他地区零星可见,贝丘聚落遗址没有明显变化。居住遗址主要以地面建筑和干栏式建筑为主,功能性区分明显,定居性明显。

综上所述,贝丘遗址经历了从兴起、发展、鼎盛到衰亡的发展历程,贝丘居民的生活从频繁迁居到半迁居半定居再到定居生活,这便决定了仰赖于贝丘遗址的贝丘经济也经历了一个动态的发展过程。

渔猎经济是早期贝丘经济形态的重要方式,其所运行的生产方式为渔猎采集模式。"渔猎采集模式指的是渔猎和采集活动的对象是野生动植物资源,在某种程度上等同于狩猎采集模式,不同之处在于渔猎采集更强调对水产类食物资源的利用。"[1]265 显然,对于中国先秦时期沿海贝丘遗址而言,对水产类食物资源的利用是其重要的经济特征。总体而言,以渔猎经济为主要模式的沿海早期贝丘遗址呈现如下特征：

第一，从事渔猎采集经济的贝丘遗址类型较为多样，以洞穴型贝丘遗址为主，还有海湾型和河岸型贝丘遗址。其中洞穴型贝丘遗址的数量最多，绝大多数洞穴型贝丘遗址都呈现出渔猎采集的经济状态。

第二，从事渔猎采集经济的贝丘遗址大都分布在长江以南的地区，尤其以两广地区为典型。一些位于海岛上的贝丘遗址，它们的经济表现出较强的渔猎采集特征。

第三，从事渔猎采集经济贝丘遗址的绝对年代大都在距今约7000年以前，位于海岛上的贝丘遗址可能在青铜时代还采取渔猎采集的生计模式。[1]269-270

当然，渔猎采集经济形态不唯独存在于贝丘遗址，只要水资源丰富，并且鱼类、龟鳖类和贝类物种可以大量繁殖的地区，都会因渔猎活动的频繁和对水生物种的生存需求而形成渔猎经济。而沿海贝丘遗址的先天优势便是临海而居，拥有丰富的海洋资源，因此，以渔猎采集为核心的渔猎经济确实是早期贝丘遗址的鲜明特征。

然而，在历史发展的进程中，随着农业经济的发展，沿海贝丘遗址的经济模式也在变化，出现了亦渔亦农经济模式。此经济模式是"贝丘经济从渔猎采集模式到农业模式之间的过渡阶段。这一阶段最主要的特征是遗址已经发现了驯化的动植物，但是动物饲养和植物栽培提供的食物尚不占据主要地位。这些社会尚未过渡至农业阶段，或者始终未发展成为农业社会"[1]270。亦渔亦农经济模式下，沿海贝丘遗址的特征表现为：

第一，大部分亦渔亦农经济的贝丘遗址是距今约6500年以后的遗址。

第二，亦渔亦农贝丘遗址在沿海地区各地均有发现。岭南地区亦渔亦农贝丘遗址的比例相对较低，北方则相对较高。

第三，这类遗址中各个遗址的农业因素占据的比例不同。相对来讲长江以北地区贝丘遗址食物生产的水平相对较高，长江以南地区相对较低。[1]275

上述特征表明：对于沿海贝丘遗址的先民而言，伴随着农业经济模式的发展,依赖于临海而居的地理优势,他们将以利用水资源物种为核心的渔猎经济与以农作物种植和驯养野生动为核心的农业经济相结合,形成了亦渔亦农的经济模式。总而言之,"距今约7000年以后,以长江中下游地区为界,南北贝丘遗址的生活方式开始出现差别。大部分北方贝丘居民开始定居生活,亦渔亦农经济是北方贝丘遗址的主流经济模式;南方一部分贝丘遗址居民开始定居的亦渔亦农经济,还有一部分贝丘遗址的经济主要是渔猎采集,包括定居和流动两种模式。总体来说,亦渔亦农经济是先秦贝丘遗址经济的主流"[1]278。显然,作为海洋经济重要组成的贝丘经济,从出现到消亡是一个动态的发展过程,鲜明的特点便是以渔猎经济为核心,但随着农业化水平的发展、随着先民食物生产水平的提高,发生了亦渔亦农经济模式的转变。

值得注意的是:为什么会出现长江以北的北方沿海贝丘遗址农业因素发展更高的现象呢?

中国人民大学历史学院考古文博系教授韩建业在2021年出版的《中华文明的起源》一书中指出:"文化上早期中国的萌芽和中国文明的起源,可以追溯到距今8000多年以前。距今6000年左右由于中原核心区的强烈扩张影响,文化上的早期中国正式形成。距今5000年左右,不少地区已经站在或者迈入了文明社会的门槛,进入早期中国的'古国'时代。距今4000年左右黄河流域尤其是黄河中游地区实力大增,长江中下游地区全面步入低潮。距今3800年以后以中原为中心,兼容并蓄、海纳百川,形成了二里头广幅王权国家,或夏代晚期国家,中国文明走向成熟。"[2]24显然,在文明起源的过程中核心的物质要素便是农业经济形态的稳定发展,因此,在距今约6500年的贝丘遗址发展的历程中,出现了亦渔亦农的经济模式,并且北方沿海贝丘遗址农业因素高于南方沿海贝丘遗址,这说明贝丘遗址生产方式的转变一方面受到临海而居的地理环境与生活传统的影响,另一方面还受到农业经济稳定发展、中原农业文明扩张的影响。可以说,贝丘遗址出现亦渔亦农经济模式以及农业经济稳定发展的情况符合中华文明发展的历史轨迹。

二、从贝丘遗址分布看先秦时期的海域范围

20世纪60年代,学者安志敏在对辽东半岛贝丘遗址的研究中指出,从

贝丘遗址的地理环境和所包含的自然遗物来观察,当时的人们显然是过着以采集渔猎为主的经济生活[3],即使存在一定量的原始农业,由于缺乏适于农作物收割的工具和沿海、山地、丘陵等地理条件的限制,先秦沿海贝丘遗址的经济生活中采集和渔猎占比更加发达。据《中国大百科全书·考古学》贝丘词条介绍,贝丘遗址的年代"大都属于新石器时代,有的延续到青铜时代或稍晚"[4]47。学者赵荦的博士论文《中国沿海先秦贝丘遗址研究》在对近百年贝丘遗址调查、发掘和研究进行详细梳理的前提下,以先秦时期贝丘遗址为研究对象,从贝丘遗址、贝丘遗迹、贝丘遗物和贝丘经济四个方面深入分析和研究先秦时期的贝丘遗址,并得出结论:贝丘遗址的时空分布能够反映出先秦时期的海域范围,贝丘遗址所留存的人为因素造成的遗迹和遗物则反映出先秦时期人们对海洋的认知和实践。因此,无论从空间还是时间角度来分析,中国沿海地区所广布的贝丘遗址均是先秦海洋观形成的时空基础。

中国沿海先秦时期的贝丘遗址布列于中国沿海各地,从北到南依次包括:渤海区域的辽东半岛贝丘遗址,黄海区域的胶东半岛贝丘遗址,黄海区域的江苏贝丘遗址,东海区域的福建贝丘遗址,南海区域的广东贝丘遗址、广西贝丘遗址、海南贝丘遗址和台湾贝丘遗址等。

对于中国沿海区域布列的贝丘遗址的年代考订,也是多年来贝丘遗址研究的重要内容。综合学者们的研究和碳十四测定结果,依据赵荦先生的研究成果,上述贝丘遗址的时间分布大致如下:

渤海区域辽东半岛贝丘遗址的时间范围大致是从小珠山下层文化延续至双砣子三期文化,即距今约6500年至距今约3400年。

黄海区域胶东半岛贝丘遗址绝大多数的年代范围属于邱家庄一期和紫荆山一期(距今约6300—5500年),相当于北辛文化晚期和大汶口文化早期,个别遗址延续至龙山文化时期。

黄海区域的江苏贝丘遗址有贝壳堆积的文化层年代大都集中在距今约6500—5500年,即马家浜文化中晚期和崧泽文化早中期阶段。

东海区域的福建贝丘遗址依据贝壳标本测定,主要时间段集中于距今约6500—3500年。

南海区域的广东贝丘遗址时间范围跨越旧石器晚期、新石器时期至商周时期,时间范围大致在距今约 11000 年至距今约 4000 年。

南海区域广西贝丘遗址时间跨度十分巨大,上至距今约 26000 年的柳州白莲洞西四层贝壳堆积,下至距今约 4000 年的冲塘—河村遗址。

海南贝丘遗址中三亚落笔洞贝丘遗址的年代为距今约 10000 年。

综上所述,我国贝丘遗址大量分布在黄海、渤海、东海和南海一带,其年代跨越"从距今约 20000 年延续至秦汉以后的历史时期,其中绝大部分遗址的年代在先秦以前的石器时代和青铜时代,大量出现的时间为距今约 12000 至3000 年,新石器时代的贝丘遗址数量最多"[1]82。这说明早在先秦以前的石器时代,先民足迹就遍布我国沿海一带,先秦海洋观的形成拥有非常辽阔的空间基础。

三、从文献资料记载看先秦时期的海域

根据《尚书·禹贡》的记载,禹划九州,其中五州临海,分别是冀州、兖州、青州、徐州、扬州,在具体论述中可以窥见先秦时期沿海区域的特色和居民生活。

其一,冀州邻渤海,州境相当于"现在的山西全省,略带河南省的北部,还有河北省西边小半部,以及内蒙古阴山以南,东及辽宁省辽河以西的大部。这是《禹贡》作者假想的王畿,即是天子直接管理的地方"[5]528。

《尚书·禹贡》记载如下:

冀州,既载壶口,治梁及岐。既修太原,至于岳阳。覃怀底绩,至于衡漳。厥土:惟白壤。厥赋:惟上上,错。厥田:惟中中。恒卫既从,大陆既作。岛夷皮服。夹右碣石入于河。[5]527

文献中所涉及的水域概念为"河",即"岛夷皮服,夹右碣石入于河",《史记》作"海",集解徐广曰:"海,亦作'河'。"[6]144 其中"河""海"关系的辨别成为确定冀州是否临海的关键。为理清此问题,学者们将关注的落脚点置于"碣石"之上,重要论据见于《汉书·武帝纪》:"东巡海上,至碣石。"[7]192因此,碣石所立之处是否为"海"便成为解题的关键。

皮锡瑞在《今文尚书考证》中引用众家论述,对此问题进行了讨论:"《水

经·禹贡山水泽地所在》云:'碣石山在辽西临榆县南水中。'注云:'大禹凿其石,右夹而纳河,秦始皇、汉武帝皆尝登之。海水西侵,岁月逾甚而苞其山,故云海中矣。'"[8]139同时引"汉司空掾王璜言:'往者天尝连北风,海水溢,西南出,侵数百里',故张君云:'碣石在海中',盖沦于海水也。"[8]139得出碣石所立之处为海的同时又引发了另一个讨论,即碣石是否沦于海中? 另据《汉书·武帝纪》:"文颖曰:'碣石山在辽西累县,并属临渝。'"[8]139师古曰:"碣,碣然特立之貌也,音其列反。"[7]192皮锡瑞《今文尚书考证》引《水经·禹贡山水泽地所在》濡水条注:"《地理志》曰:'大碣石山在右北平骊城县西南。'汉武帝亦尝以望海而勒石于此。今枕海有石,如甬道,数十里,当山顶有大石,如柱形,在海中。潮水大至,不动不没,世名天桥柱。韦昭亦指此为碣石。濡水于此南入海。"[8]139此为碣石"未沦于海"说。

顾颉刚、刘起釪先生在《尚书校释译论》中汇众家之长,强调众说纷纭的碣石所在地的探讨中,可信者有二:"其原作为'夹右入于河'标志的碣石,是当时处在右转角处即今河北乐亭县南的靠岸边的海中之石(第一说),秦皇、汉武、魏武登临的碣石,是在陆地上可以'观沧海'的今河北昌黎县北的碣石山(第二说)。"[5]550同时书中强调,因为渤海西、北海岸并没有陆地沦没于海洋的事实,只有大片海域因为冲积而升成陆地,因此碣石"未沦于海"说合理,并且指出:"碣石是在航行道上右边的一座可以作为转航向黄河入海口的航行标记的特立之石。"[5]549

其二,兖州临渤海,州境相当于"今河北省的南半部以北至天津以南的黑龙港地区,南至山东的北部、西部,以及河南自封丘、延津、浚县、内黄以东的东北一角"[5]552-553。

《尚书·禹贡》记载如下:

> 济河惟兖州。九河既道,雷夏既泽,灉沮会同。桑土既蚕,是降丘宅土。厥土:黑坟,厥草惟繇,厥木惟条。厥田:惟中下。厥赋:贞;作十有三载,乃同。厥贡:漆、丝,厥篚织文。浮于济、漯,达于河。[5]550

兖州居于济水、河水之间,《吕氏春秋·有始览》云:"河、济之间为兖州,卫也。"[9]662-663高诱注:"河出其北,济经其南。"[9]669顾颉刚、刘起釪先生在《尚书校释译论》记载:"'导水章'记大河'东过洛汭,至于大伾;北过降水,

7

至于大陆;又北,播为九河,同为逆河入于海'。可知九河是黄河下游流过大陆泽后,向北(实为东北)分布为九条入海的河。"[5]553 1978年2月28日《光明日报》报道河北省黑龙港地区地下综合科学考察取得重大成果:"此区包括衡水、沧州、廊坊、邢台、邯郸五个地区四十六个县市,正是《禹贡》的大陆泽东北九河区域。"[10]综合古今资料,兖州居济水、河水之间,九河冲击,汇入渤海。

其三,青州濒临渤海、黄海,州境包含"从西南边的泰山越过东北的渤海、黄海到辽东全境"[5]574。

《尚书·禹贡》记载如下:

> 海岱惟青州。嵎夷既略,潍淄其道。厥土:白坟,海滨广斥。厥田:惟上下。厥赋:中上。厥贡:盐、絺、海物、惟错,岱畎丝、枲、铅、松、怪石,莱夷作牧,厥篚檿丝。浮于汶,达于济。[5]573

《史记集解》:"郑玄曰:'东至海,西至岱。东岳曰岱山。'"《正义》曰:"按:舜分青州为营州、辽西及辽东。"[8]143反映古青州地域原本就包含了山东、辽西和辽东等地,其濒临海域即渤海和黄海。"海滨广斥",指临近海滨之地,盐碱地广阔,《禹贡锥指》言:"冀、兖皆滨渤海……徐、扬皆滨大海……独于此书'海滨广斥'何也?盖他州咸土惟沿边一带,冀、兖、徐各数百里,扬据禹迹之所及,亦只千余里,而东莱之地斗入大海中,长八九百里,三面计之,咸土不下二千里,是一州而兼数州之斥。……青之广斥所以利民者甚大。"[5]581这说明青州盐碱地广阔,并接入大海,是其他临海各州所无法比拟的,也进一步说明海岱之间的古青州即东莱之地滨于渤海、黄海。

其四,徐州濒黄海,州境大抵相当于"今山东省泰沂山脉和大汶河以南,并以巨野、金乡一线为西境的鲁南地区,安徽省以砀山、宿县、怀远一线为西境的皖东北地区,以及江苏淮河以北的苏北地区"[5]596-597。

《尚书·禹贡》记载如下:

> 海、岱及淮惟徐州。淮、沂其乂,蒙、羽其艺。大野既猪,东原底平。厥土:赤埴坟,草木渐包。厥田:惟上中。厥赋:中中。厥贡:惟土五色,羽畎夏翟,峄阳孤桐,泗滨浮磬,淮夷蚌珠暨鱼,厥篚玄纤缟。浮于淮泗,达于河。[5]594

"集解、孔传、汉志师古注皆曰：'东至海，北至岱，南及淮。'……释水曰：'淮，围也，围绕扬州北界东至海也。'"[8]146另据《尔雅·释地》载："济东为徐州。"可知徐州东临黄海、南至淮水、北至泰山、西临济水。事实上，古徐州的得名和域境是一个动态发展的过程，先后有"齐北境之徐州"居渤海南岸（见于《春秋·哀公十四年》），又有《田敬仲完世家》所记"徐州"居渤海西岸，还有"鲁国南境之徐州，薛改名徐州"（见于《竹书纪年》载梁惠称王三十一年）。总体来看，最早的徐州在渤海西岸、渤海南岸，逐渐南移至江苏淮河以北的苏北地区。

其五，扬州临黄海、东海，州境大致为"淮水以南的今江苏、安徽两省境，江西、浙江、福建三省全境，及粤东一角和岛夷所居海上大小岛屿如台湾、澎湖等境"[5]625。

《尚书·禹贡》记载如下：

> 淮海惟扬州。彭蠡既猪，阳鸟攸居。三江既入，震泽底定。篠簜既敷。厥草惟夭，厥木惟乔，厥土惟涂泥。厥田惟下下，厥赋下上错。厥贡惟金三品，瑶、琨、篠簜，齿、革、羽毛，惟木。岛夷卉服，厥篚织贝，厥包橘柚锡贡。沿于江海，达于淮泗。[5]624

关于扬州所临海域，除去上述所言，包含今江苏、安徽、浙江、福建所临的黄海、东海外，曾运乾《尚书正读》"阳鸟"注言："本文'阳鸟'，'鸟'字亦当读为'岛'。……阳岛，即扬州附近海岸各岛。大者台湾、海南是也。"[11]11此说将扬州所临海境扩展到了南海区域。"岛夷卉服"即指扬州岛夷，"指东海南海大小岛屿上的少数民族"[5]635。

综上所述，以《尚书·禹贡》为核心，综合相关文献记载和学者们的考订论证可知，文献记载的先秦时期的海域空间包括了渤海、黄海、东海和南海区域，与沿海贝丘遗址分布的时空呼应，辽阔的海域空间成为孕育先秦海洋观的摇篮。

第二章　先秦海洋观念形成的实践基础

中国沿海广布的贝丘遗址告诉我们，上至旧石器时代，居住在沿海和岛屿的先民便依海而生、傍海而居，开启了他们探索、开发和利用海洋的历史。

一、从贝类遗存看早期人类的海洋实践

简而言之，贝丘是指由贝壳堆积而形成的小丘，贝丘遗址是"古代人类居住遗址的一种，以包含大量古代人类食余抛弃的贝壳为特征。……这类遗址大都属于新石器时代，有的则延续到青铜时代或稍晚。贝丘多位于海、湖泊和河流沿岸，在世界各地有广泛的分布"[4]47。由此可见，对贝类物种的开发和利用，便是贝丘遗址最鲜明的实践特征。

散落于海岸线上的如珍珠般的贝丘遗址及遗址中所保留的生活遗迹，成为探知和学习海洋文明的重要遗存。极为典型的贝丘遗址，从南到北依次包括"海南三亚落笔洞、东方、乐东贝丘遗址，广西东兴贝丘遗址，广东珠江三角洲地区贝丘遗址，台湾八仙洞长宾文化、大坌坑文化、芝山岩文化、圆山文化、营埔文化和凤鼻头文化遗址，福建富国墩贝冢遗址、壳丘头遗址、昙石山遗址，浙江余姚河姆渡遗址及舟山群岛新石器时代遗址，山东龙口贝丘遗址，即墨贝丘遗址，蓬莱、烟台、威海、荣成贝丘遗址，以及辽东半岛沿海的小珠山遗址等等，都是极为典型的贝丘遗址"[10]。在这些贝丘遗址中，能够呈现人们接触海洋、经略海洋的实践活动。

（一）贝类的采集和加工

在沿海贝丘遗址中，蕴含丰富的贝类遗骸已经成为此类遗址的共同特征，主要有"牡蛎、鱼鳞、海鱼骨、绣凹螺、荔枝螺、红螺、耳螺、蝾螺、蜑螺、风螺、毛蚶、泥蚶、文蛤、魁蛤、青蛤、紫房蛤、伊豆布目蛤、砂海螂、海蚬等"[12]2。这些贝类无疑是先民依海而生的生存基础，而这些生存和生活的物质条件便来自他们日积月累的海洋实践——对贝类的采集和加工。赵莘在其论文

《中国沿海先秦贝丘遗址研究》中总结了贝丘先民采集贝类的海水区域、采集工具和采集方式,主要表现为:

> 采集浅水区贝类时,人们大概会采用4种方式:一、退潮时在浅水区徒手或借用挖掘棒从泥沙中采集贝类;二、退潮时在浅水区用手指或借助工具(如凿、斧等)从岩石上采集贝类;三、用棍子从近海的礁石上采集贝类(如牡蛎);四、游至近海的岩石层中,把贝类放在篮子里带上岸。采捞深水区的贝类时,人们则会选择潜水的方式(Alacaluf 的妇女可以潜水至9米深的水域中采集贝类),或是在独木舟上用矛、叉杆(可长达4.5米)等工具获取贝类。[1]242–243

当然,采集贝类主要是为了果腹,是先民傍海而居的生存需要。因此,取食贝类的方式方法也成为学者们关注的问题。从现存遗迹来看,先民取食贝类主要采用敲砸、用锥形器挑出贝肉等方式,同时出现了加热或煨煮贝类的现象。

贝类的取食。位于广东省英德市云岭镇的英德牛栏洞遗址出土的螺壳可分为完整螺壳、大于1/2 螺壳、小于1/4 螺壳和破碎螺壳。[13]43据《英德云岭牛栏洞遗址试掘简报》描述:"牛栏洞遗址从早到晚,经济形态都沿用着渔猎采集为主的方式","第二期所出螺壳比较破碎,第三期所出则相对完整,也许意味着人们食用螺肉的方式有所改变"。[14]因此,有学者推测"二期居民的取食方式是直接敲碎整个螺壳,三期居民可能是用锥形器(骨、竹、木质等)将螺肉挑出"[13]47。另外,牛栏洞遗址出土的锥形器均有一个瘦长的尖,从器型上看的确适合挑出螺类尾部的肉。发掘者还认为遗址中同时期地层出土的刮削器、砺石较前期增多,很有可能就是用来加工锥形器的。[15]112

贝类的加工。学者们依据遗址中所存贝类外壳完整度和出土时限早晚的情况进行推测。以桂林地区为例,旧石器时代晚期到中期遗址的螺壳堆积出现了从不含螺壳堆积到陶器伴随大量螺壳堆积的变化。甑皮岩和大岩遗址所处时期相当于旧石器中期,典型的特点是出土的螺壳和蚌壳完整,据此,研究者推测此时陶器是作为加热贝类的容器而存在,此时的先民已经在生活实践中获取了加热或煨煮贝类的经验。[1]246当然这种现象并不独存,在我国境内发现的距今约9000年的陶器或陶片,主要见于"北京怀柔转年,河北徐水南庄头、阳原于家沟,江西万年仙人洞与吊桶环,湖南道县玉蟾岩,广东英德青塘与牛栏洞,广西桂林甑皮岩、庙岩、临桂大岩、邕宁顶蛳山等遗址"[16]20。这些遗址中,除北京怀柔转年、阳原于家沟遗址尚未见螺壳堆积的报道外,其他几处遗址均有不同程度的螺壳堆积,因此可以想见,陶器常见于先民的临海生活中,伴存着螺壳堆积,从陶器盛装蒸煮的作用来看,先民利用陶器加工贝类食物是较为常见的生活方式。

(二)蚌器的使用

以蚌壳为材料制作的器具统称为蚌器,也包括以其他一些介壳类为原料的制品。我国新石器时代蚌器应用范围比较广泛[17],是先民利用海洋资源最直接的体现。蚌器的主要类型有蚌刀、蚌镰、蚌铲等,这些蚌器从外形特点来看,常用于切割、收割或者翻土,恰恰反映了人们不仅利用海洋资源,同时也将加工过的蚌类资源应用于日常生活,这些蚌器甚至成为促进农耕经济发展的重要生产工具,成为推进农业文明发展的重要因素。

蚌刀,是蚌器中最早出现的类型,也是先民使用最广泛的蚌器类型。在南北方蚌刀器型存在较大差异:

如图2-1[18]14所示的南方地区蚌刀,经历旧石器晚期到新石器早期,蚌刀器型发展经历了较大变化,由最初多采用原蚌外形、弧形刃、原蚌穿孔,到新石器中期逐渐发展为鱼头形蚌刀,出现了三角形器型,至新石器晚期蚌刀器型呈现多样化,出现了方形、长方形和椭圆形蚌刀,同时在蚌刀表面出现了明显的加工痕迹。

如图2-2[18]15所示的北方地区蚌刀,在新石器早期已经呈现条形,中期呈现三角形,并且侧刃加工,到新石器晚期时已经呈现稳定的方形,平背斜刃。

蚌镰(如图2-3[18]16),主要在北方沿海区域使用,外形已经类似于农耕文明中所使用的镰刀,形状主要以长方形和长条形为主。

蚌铲(如图2-4[18]17),见于南北方遗址中。从蚌铲的形制特点来看,北方出土的蚌铲仍能看出原蚌形状,加工和磨制较为简单,以穿孔和开边刃为特点。南方蚌铲形制发展则较为规范,加工齐整,呈现梯形、长方形或三角形,甚至出现了双侧开刃的情况。

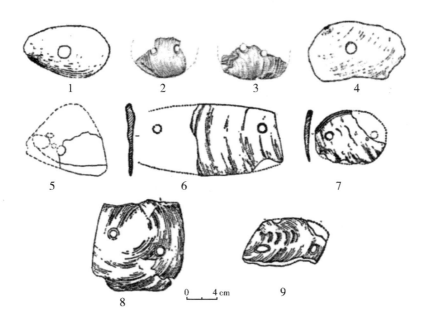

1 仙人洞遗址　2、3 甑皮岩遗址　4 牛栏洞遗址　5 顶蛳山遗址　6、7 昙石山遗址

8、9 昙石山遗址上层

图 2-1　南方地区蚌刀

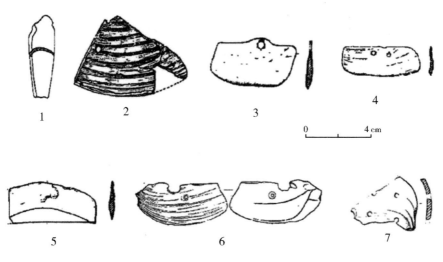

1 磁山遗址　2 白家村遗址　3、4、5 哑叭庄遗址一期　6 煤山遗址　7 石固遗址

图 2-2　北方地区蚌刀

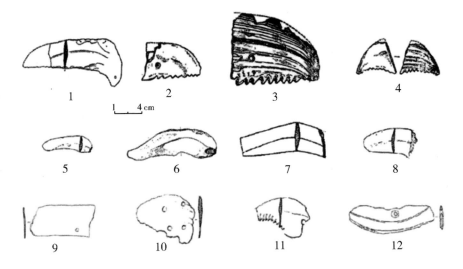

1　4 cm

1　山东北辛遗址　2、3、4　陕西白家村遗址　5、6、7、8　河北哑叭庄遗址一期

9　山东利戴遗址　10　河南石固遗址二期　11　河南石固遗址四期　12　河南牛牧岗遗址

图2-3　北方地区蚌镰

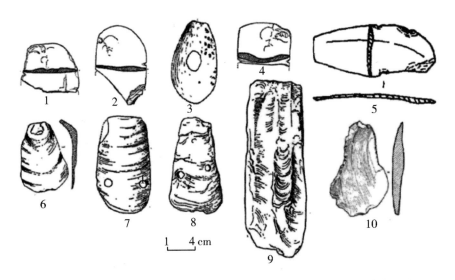

1　4 cm

1、2、4　山东北辛遗址　3　河北哑叭庄遗址　5　安徽石山子遗址　6　福建壳丘头遗址

7、8、9　福建昙石山遗址　10　何村遗址

图2-4　史前蚌铲

综合上述情况可知,蚌器的发掘从沿海遍及内陆,但蚌器使用较为集中的地区分布于北方渤海和黄海区域。以蚌刀为例,南北方蚌刀器型的发展差异较大,从时空和地域范围来看,"蚌刀最初起源于旧石器时代向新石器时代过渡的广西、江西地区,总体位于长江以南的地区。到了新石器时代,早期,蚌刀在南方地区使用范围开始扩散,而北方地区最先在黄河中游地区出现;中期,蚌刀在南方的发展开始略逊于北方;晚期,南方地区蚌刀更是发展缓慢,而北方地区在黄河下游,沿黄河两岸大范围扩散"[18]31。从蚌刀发展的时间和地域来看,结合贝丘遗址发掘的南部沿海地区早于北部沿海地区的时空分布来看,说明早在旧石器时代南方先民就已经开启了广阔海洋探索之旅,但是随着北方黄河流域农耕文明的兴起,以蚌刀为代表的蚌类器具迅速发展并服务于农业耕作,成为北方蚌刀器型扩大规模并持续发展的重要特点。

总体而言,在先秦沿海贝丘遗址中,出土最多的仍旧是蚌刀和蚌铲,是先民们临海而居、取材于海的重要的生活工具。对于先秦时期蚌刀、蚌铲常见于北方黄河流域并被运用于农耕生产的现象而言,则说明了蚌器不仅是贝丘先民重要的生活用具或生产工具,更是海洋文明与农耕文明融合发展的重要载体。

（三）贝币的历史使命

先秦时期贝币是被广泛使用的交换媒介,距今约 7000 年的河南仰韶村墓葬出土的贝饰,被学者们推测,很有可能来自内陆部落和沿海部落之间的交换往来。这说明了在以物易物的往来中贝作为货币形态的可能性。

行至夏商,在物质交换需求的基础上逐渐发展到了货币交换的历史时期,而曾经作为装饰的海贝也随着货币交换的兴起,承担了新的历史使命。河南偃师二里头遗址的墓底中部均有海贝出土,M9 出土 70 枚,M11 出土 58 枚[19]323,《史记·平准书》记载:"虞夏之币……龟贝。"[20]1442 尽管到秦代统一货币之后龟贝归属为器饰宝藏,但却说明了龟贝在虞夏之时曾被用作货币的情况。《盐铁论》记载:"夏后以玄贝。"[21]57 说明至少在夏晚期和早商之际,海贝便已经具备了货币属性。在殷墟发掘近百年的历程中,陆续出土了数十、数百、数千的贝币,其中最为著名的当属妇好墓,出土了近 7000 枚货贝。在《1958—1959 年殷墟发掘简报》中,"以第二尸 27 号人架为例,在右盆骨上发现有排列规整的海贝三串,第一串二十贝,第二串十贝,第三串五贝"[22]71,由此可知殷商时期货币是以 5 或 5 的倍数为计量单位。

西周初期亢鼎的铭文被释读为:"乙未,公大保买大玖于美亚,才(财)五十朋。公令亢归美亚贝五十朋,以(与)矛(茅)纯、㡿、舭、牛一。亚宾亢騂、金二匀(钧)。亢对亚麻,用作父己。夫册。"[23]120铭文内容实际上记录了用贝币购买玉器的一桩交易,并且贝币的数量是五十朋,证明了西周时贝币被作为交换媒介使用的现象。童书业先生在《中国手工业商业发展史》中列述了西周贝币的使用情况:"西周金文中屡见锡贝的记载,少的'锡贝五朋'(如趞尊等铭)或'十朋'(如小臣单觯,令殷,旅鼎,庚赢卣,庚赢鼎,史臨彝,录戎卣,师遽殷等铭),多的'锡贝廿朋'(如效卣,匽侯旨鼎等铭)、'卅朋'(如吕齍,刺鼎,稽卣等铭)或'五十朋'(如小臣静彝,效卣,敔殷等铭)。这些贝大概也兼具装饰品及货币的功能。"[24]10同时《诗经·小雅·菁菁者莪》载:"既见君子,锡我百朋。"高亨注:"锡,赐。朋,古代以贝壳为货币,五贝为一串,两串为一朋。"[25]244考古资料、文献记载和后世研究相互印证,清楚地记载了贝币在先民生活中所起到的重要作用,至少从殷商时代开始直至秦代被废止,贝币在货币交换中承担了重要的历史使命。

当然,先秦时期最早的也是最常见的贝币种类是天然海贝,源于早期人类对于海洋资源的发掘和应用。天然海贝因色彩鲜艳、质地光泽、便于携带、坚固耐用、方便计数等特质,又因为其珍贵难得,逐渐从饰品角色转变为部族之间以物易物的重要品类,在物物交换的过程中逐渐被赋予了货币的使命和价值。随着商品经济的发展,对贝币的需求量日益增大,为了方便交易而出现了石、骨、陶等的仿制贝币。这些材质的仿制贝币则被称为"仿贝"。值得注意的是,铜质货币的出现和流行,诚然与商业的发展密不可分,但自商代晚期便出现的仿海贝形状的铜质货币,它的铸造和发行标志着由实物货币向金属货币的转变。也可以说,源自先民海洋实践的海贝,贯穿于先秦时期采集、渔猎到农耕文明的发展进程中,是推动人类经济社会发展的重要载体。

二、从渔猎生活看早期人类的海洋实践

渔猎文化作为各族先民生产劳动和社会实践创造的文化成果,是中华文明的重要积淀,而贝丘遗址就是渔猎文化重要的物质载体,这些海洋文化遗迹中蕴含了丰富的早期人类探索海洋的实践经历。例如在长岛小珠山、平潭壳丘头和惠安音楼山等遗址还发现有鲸鱼、鳖鱼等体型相对较大或较凶猛的生活在海洋环境中的动物,这说明早期人类已经在已有的渔猎经验的基础上,开启了深度征服海洋的实践历程。

游修龄在《中国农业通史·原始社会卷》中对我国早期社会中的狩猎、渔捞、采集和农业工具及设施进行系统分类,其中渔猎工具和设施包括矛、箭镞、石(陶)球、网和网坠、鱼镖和鱼叉、鱼钩、鱼卡、鱼笱和舟船等。[26]292众所周知,渔猎活动多指渔捞和狩猎,因其渔猎相结合的生活方式,使之更多地适用于农耕文化前或与农耕文化并存的坐落于山、海、林、湖等地理环境的先民生活。而沿海贝丘遗址恰恰就具有濒临山海而繁衍生存的特征,在这些遗址中出土的狩猎和渔捞工具的遗存也直接表明了先民们向地而生、临海而居的独特生活。

据统计,中国沿海先秦时期的贝丘遗址不同程度地均出土了渔猎工具,通过对渔猎工具数据的统计,可以看出不同地区的先民们对于各自海洋资源的利用程度。

渔猎工具组合中包含的重要工具有镞、球、网坠、钩针、钓钩和骨卡等,其中镞是指箭头或锋利的箭矢,更多地运用于狩猎陆生动物,球是用来掷击猎物的工具,网坠是坠于渔网边缘的重物,钩针或鱼钩用于钩钓捕鱼,骨卡用于卡住鱼鳃进行捕钓,鱼镖是扎鱼利器。此外,渔猎工具往往成组出现,同时兼具了渔捞和捕猎的共同特征,体现了渔猎相融的文化特点。

表2-1　辽东半岛东部贝丘遗址渔猎工具统计表[1]232

	小珠山下	上马石下	小珠山中	吴家村	小珠山上	蛎碴岗	上马石中	上马石上
刮削器	4	5		1				
尖状器		1						
盘状器	2							

续表2-1

	小珠山下	上马石下	小珠山中	吴家村	小珠山上	蛎碴岗	上马石中	上马石上
球	1			1				
镞			11	56	9	2	24	43
矛							2	1
网坠	2			6	2	2	3	5
钩针							1	36
钓钩								4
合计	9	6	11	64	11	7	27	89

表2-2 辽东半岛南部贝丘遗址渔猎工具统计表[1]233

	北吴屯下	北吴屯上	郭家村下	郭家村上	大潘家	于家村下	大嘴子早	大嘴子中
砍砸器			4					
刮削器	2	9			1	2		
尖状器	1							
盘状器	1	1	7	2				
球	18	4	3	4				
镞		2	244	180	133	10		
矛			4		1	3		
网坠	19	20		5	13	4	1	
钩针				7		2		
骨卡					·		1	2
鱼镖					1			
合计	41	36	262	198	149	21	2	2

从数据统计可以看出,网坠、钩针、钓钩和鱼镖是辽东半岛先民使用的具有鲜明捕鱼性质的渔捞工具,辽东半岛东部贝丘遗址发现网坠20枚、钩针37枚、钓钩4枚;辽东半岛南部贝丘遗址发现网坠62枚、钩针9枚、骨卡3枚、鱼镖1枚。从这些数据来看,辽东半岛东部、北部先民捕捞鱼类资源的情况旗鼓相当,也可以说明临海而渔是辽东半岛贝丘遗址先民重要的生活生产方式。

表2-3 胶东半岛贝丘遗址渔猎工具统计表[1]233

	白石村一期	白石村二期	大口一期	河口
球	4			
锤	2	13		3
丸		8		1
网坠	1	4		6
钩针		2		
镞	45	30	2	9
矛		1		
合计	52	58	2	19

表2-4 江苏贝丘遗址渔猎工具统计表[1]234

	万北	薛城下层	青墩中下层
鱼镖	1		10
镞	1		179
网坠		4	
合计	2	4	189

从胶东半岛贝丘遗址渔猎工具统计来看,主要渔捞工具网坠11枚、钩针2枚,说明此地居民开展了一定的捕鱼活动,但从球、锤、镞和矛等工具主要用于狩猎的渔猎伴生工具来看,胶东半岛贝丘遗址的居民们更倾向于捕猎陆生动物。同样,江苏贝丘遗址,主要渔捞工具网坠4枚、鱼镖11枚,也说明此地居民开展了一定量的捕鱼活动。从镞的使用上看,可以想见此地居民也更倾向于捕猎陆生动物。

表2-5 福建东部沿海贝丘遗址渔猎工具统计表[1]234

	壳丘头	昙石山中	溪头下	大帽山	庄边山下	庄边山上	黄瓜山下	黄瓜山上	音楼山
砍砸器	4								2
球	21			3				2	
镞	4	38	10	10	10	40	69	84	
锤	1								10
钓坠			18				2	52	

续表2-5

	壳丘头	昙石山中	溪头下	大帽山	庄边山下	庄边山上	黄瓜山下	黄瓜山上	音楼山
鱼钩				2					
网坠		25	2		9	137		3	
匕	8			1			5	10	
戈							1	10	
矛					1			2	
合计	38	63	30	16	20	177	77	163	12

　　从福建东部沿海地区各贝丘遗址出土的渔猎工具组合情况来看，用于鱼类捕捞的工具钓坠72枚、鱼钩2枚、网坠176枚，与辽东半岛渔捞工具网坠82枚、钩针46枚、钓钩4枚、骨卡3枚、鱼镖1枚相比，福建东部贝丘遗址捕捞和消耗鱼类资源规模更大。从渔猎融合的角度考虑，学者们认为，"从绝对数量上看，这一区域年代越晚的贝丘遗址出土的渔猎工具数量越多，大陆沿海贝丘遗址(如昙石山、溪头、庄边山和黄瓜山)发现渔猎工具的数量多于海岛遗址(壳丘头和大帽山)，可以据此推测年代较晚的贝丘遗址的渔猎活动规模相对较大，大陆沿海遗址渔猎活动多于海岛贝丘"[1]234。

表2-6　广东贝丘遗址渔猎工具统计表[1]235

	独石仔	黄岩洞	牛栏洞	蚝岗二期	蚝岗三期	金兰寺一期	金兰寺二期	河宕三层	灶岗	鱿鱼岗
砍砸器	42	194	71							
尖状器					42			1	5	
锤	14	40	1						2	
盘状器		8								
石核	50	36								
穿孔石器	9	4	1							1
镞	1						2	31	6	15
网坠							1			
矛			3				2	5	4	1
合计	116	282	76	0	42	0	5	37	17	17

从渔猎组合工具的数据统计来看,广东贝丘遗址渔捞工具主要是网坠1枚,可能用于扎取鱼类的矛15枚,结合洞穴贝丘遗址出土动物遗骸中"也基本不见除贝类以外的其他水生动物"的特征,"年代较晚的蚝岗、金兰寺、河宕等遗址发现了较多的野生动物遗骸,但发现的渔猎工具数量不多"[1]235等实际情况,我们推测广东贝丘遗址捕捞鱼类的情况并不多见,但也表现出了年代越晚捕捞鱼类工具逐渐增多的现象。

表 2-7　广西贝丘遗址渔猎工具统计表[1]236

	甑皮岩二期	甑皮岩三期	甑皮岩四期	甑皮岩1973	庙岩	鲤鱼嘴	顶蛳山二期	顶蛳山三期	秋江	江口	豹子头早期	豹子头晚期
锤	9	9	2	202	55			6	1	6		1
砍砸器	44	18	4	139	25	4					1	
尖状器					25	1						
盘状器					1							
球										6		
镞				1			3	17				6
矛				1				4	17			4
鱼镖	1	2		3								
鱼钩								1		1		
网坠											1	22
合计	54	29	6	346	106	5	3	28	18	13	2	33

广西贝丘遗址渔猎工具组合呈现了从打制石器向磨制石器转变的发展历程,顶蛳山、秋江、江口、豹子头等贝丘遗址主要是磨制石器的渔猎工具的组合。总体看来,甑皮岩遗址的捕鱼工具主要是扎取类的鱼镖,顶蛳山遗址出现了钓鱼工具,豹子头遗址主要是捕捞工具。尽管呈现一定的捕鱼技术的发展进步,但由于渔捞工具数量少,只能证明此地居民开展过渔捞活动,至于捕鱼规模等其他内容则无法判明。

综上所述,从辽东半岛、胶东半岛,到江苏、福建东部、广东广西地区贝丘遗址留存的渔猎工具来看,先秦时期贝丘遗址先民的生活总体上呈现了渔捞和陆地狩猎相结合的生活状态。但是不同区域内,由于海域面积、滨海面积、海洋文明和陆地文明的融合发展,使得不同区域的贝丘遗址呈现不同程度的渔猎经济。其中辽东半岛贝丘先民尽管勇于猎杀陆生动物,但临海而渔仍然是其生活的显著特征;胶东半岛和江苏地区的贝丘先民,其捕捞工具的使用数量远逊于猎杀陆生动物的工具,说明此地区贝丘先民受陆地文明影响较大,临海而居却逐渐向地而生;广东贝丘遗址内渔捞工具不多并且出现了年代越晚的遗址陆地野生动物遗骸越多的现象,也说明此地区逐渐由渔猎经济向陆地经济转变;广西贝丘遗址所出土的渔猎工具从打制石器逐渐走向磨制石器,从扎取、钩钓到捕捞,渔猎工具和技术逐渐走向先进,用于捕杀陆生动物的镞也未形成规模,说明此地区渔猎经济尚处于稳定发展期,人们生存和生活依旧主要依赖于海洋资源。

三、从饮食看早期先民对海洋资源的利用

在先秦贝丘遗址中,贝类软体动物的大量存在,几乎成为各类贝丘遗址的显著特征,同时,很多贝丘遗址还发现了鱼骨,说明贝类和鱼类是早期先民生活的重要食物来源。目前,我国众多考古遗址中有经过食性分析的遗址并不多见,对山东即墨北阡、江苏金坛三星村和广东遂溪鲤鱼墩等遗址的饮食结构分析具有一定的典型性。

以即墨北阡遗址为例,大汶口时期的动物遗存共6505件,种类包括牡蛎、缢蛏、文蛤、青蛤、蚬、毛蚶、圆顶珠蚌、红螺、乌贼、鱼、鸟、斑鹿、獐、猪、狗和兔子等;周代的动物群共有271272件,种类包括牡蛎、缢蛏、文蛤、青蛤、蚬、毛蚶、泥蚶、扇贝、圆顶珠蚌、蓝蛤、红螺、疣荔枝螺、乌贼、鱼、龟、鳖、鸟、牛、羊、斑鹿、獐、猪、狗、猫、兔和马等。[27]15-16 从中可知,从大汶口时期到商周以来,海洋动物始终是此地先民重要的食物资源,充分体现了临海先民赖海生存的特点。王芬、樊榕和康海涛等学者通过碳氮研究和C同位素原理对即墨北阡大汶口文化早期墓葬20具人骨进行鉴定,得出结论:即墨北阡大汶口文化早期先民的食物来源包括约"44.1%的海生类(可能是海中的贝类和鱼类),34.1%是C_4植物(可能是粟),28.1%是陆生动物"[28]。依此方法对即墨北阡大汶口文化早、中、晚期墓葬共38具人骨进行检测和分析,得出结论:早期墓葬人骨样本的食谱结构相对稳定,对海洋贝类资源的依赖程度

较高；中期墓葬的人群开始呈现出差异，一组人较多地选择食用海洋类资源，一组人则选择食用陆生资源；晚期的 5 座墓葬人群对海洋资源和陆生资源各有偏好。[29]119-121这说明在早期沿海贝丘遗址居住的人类生活中，海洋资源类食物确实承担了非常重要的作用，但随着植物采集和农业文明进程的发展，以稻米、小麦、玉米、高粱等为主的植物比例越来越高，相应的海洋类食物占比逐渐降低。

对于沿海贝丘遗址居民饮食习惯的分析，还见于华南区域的金坛三星村遗址和遂溪鲤鱼墩遗址，学者们主要分析了金坛三星村遗址距今约6500—5500 年间的饮食结构，以及遂溪鲤鱼墩遗址距今约 5000 年的饮食结构。对金坛三星村 19 座墓葬标本 C、N 同位素测定显示，"三星村居民食谱中主要是 C_3 类植物或是以 C_3 类植物为食的动物。与此同时，$\delta^{15}N$ 的平均值均大于 9‰，表明其食谱中肉食主要来源于渔猎活动"。对遂溪鲤鱼墩遗址未受污染的 2 件墓葬样本分析，显示 $\delta^{13}C$ 值 17.0 ± 1.3‰，研究者认为这个数值反映了这两位墓主食物中的 C 可能来源于 C_3 类和 C_4 类植物，或者是海生植物。$\delta^{15}N$ 值为 12.8‰—14.8‰，反映了他们的食物以海生类为主，由于遗址中贝类、鱼骨较多，可能是海中的贝类和鱼类；虽然兽骨也同时存在，但是陆生动物在他们的饮食结构中只是处于辅助地位。[30]266-267

综合上述分析可知，从新石器时期到商周之际，南北方贝丘遗址内大量海洋动物遗骸的存在，以及对人骨的 C、N 稳定同位素分析，均表明海洋生物是当时贝丘先民重要的食物来源，这是人们经略海洋最直接的目的，以捕捞和渔猎为主的生活方式居于主流。当然，随着时间的推移，农作物种植、家畜饲养业逐渐成为主要生活方式，南北方贝丘遗址逐渐出现了半渔猎经济半农业经济的生产生活方式。

四、从葬俗看早期人类对海洋资源的利用

海洋生物尤其是丰富的贝类物种是先秦时期人们经略海洋最直接的物种载体。人们对于贝类资源多样性的开发——或用于交换、或用于食用、或用于奖励，则是先秦时期人们经略海洋的实践和经验的重要体现和总结。不仅如此，在贝丘遗址的墓葬中出现了大量贝类填充物或陪葬物，与文献记

载相印证,反映了早期人类的海洋意识及其对海洋资源的利用。

山东长岛大口遗址(经碳十四测定,距今约 4600 年),遗址内发现 22 座长方形竖穴土坑墓。从葬俗上看,"第一期文化晚期的墓葬,以头东脚西的仰身直肢葬为主,少数墓葬在人骨架上压有石块,个别墓葬的人骨架以上填一层马蹄螺,并夹有海砺壳和小石子等。到了第二期文化时,仍以头东脚西的仰身直肢葬为主,在人骨架上压有石块和人骨架上面填一层马蹄螺并夹有海砺壳和小石子等现象仍然存在,且较第一期文化晚期墓葬还要普遍些,这反映了两者之间的连续性"[31]1083。因此,人骨架上铺填马蹄螺、海蛎壳和小石子是山东长岛地区新石器时代重要的葬俗之一。

福建闽侯庄边山遗址(新石器时代)的典型特点是均属蛤蜊壳坑,在该遗址的下层文化遗迹中共发现 65 个蛤蜊壳坑,同时发现墓葬 63 座,这批墓葬最大的特点是"埋葬时多充填蛤蜊壳,有的就直接利用蛤蜊壳坑作为墓穴。由于蛤蜊壳的钙化作用,因而大多数人骨架能够较好地保存下来"[32]176。此外,福建闽侯溪头遗址文化堆积的下层为贝丘堆积,属于新石器时代,此层发现灰坑 32 个,坑内主要堆积物是蛤蜊壳,夹杂着极少的泥土,习称"蛤蜊坑"[33]462。福建闽侯县石山遗址第六次发掘发现墓葬 32 座,中层17 座,墓底大多数深入黄土中,填土内夹含大量蛤蜊壳,有的几乎全是蛤蜊壳[34]84。由此可知,蛤蜊壳因其钙化防潮作用被大量用于墓穴之中而起到保护遗骨和随葬品的作用,是当时人们重要的埋葬习俗。

广东南海县灶岗遗址,其中贝丘遗址分布在灶岗西南坡,"主要由淡水腹足类软体动物蛤、蠕、螺等的硬壳堆积而成,也有少量海水生长的蚝(牡蛎)、鲍鱼壳"[35]203。该遗址发掘 6 座墓葬,均在贝壳层中,葬式皆为单人仰身直肢,骨架上的贝壳和泥土坚硬[35]204。同样,南海鱿鱼岗遗址发掘时发现墓葬 36 座,其中 12 座建于贝壳层中[36]67。广州增城金兰寺遗址发掘的 4 座墓葬中仅 1 座墓葬有随葬品,墓坑内填深褐色夹贝壳土(与该层的土色有明显区别)[37]180。广东江门新会罗山嘴遗址发现一座瓮棺二次葬,是广东省最早发现的瓮棺葬。墓主为老年女性,随葬骨器、龟甲等[37]238。总体看来,广东区域墓葬使用贝壳的现象比较普遍,使用贝壳或者贝壳土作为墓葬重要的填充物,起到重要的防水防潮作用,也符合广东一带墓葬防潮热的需求,同时随葬品中还看到了龟甲。

广西邕宁长塘遗址试掘时发现了 15 具人骨，"其中有两具人骨周围有赤铁矿粉，一具人骨周围有石子围成的墓圹（长 1 米，宽 0.6 米），另一具人骨无头骨，有用螺壳堆成的椭圆形墓圹。墓葬大都无随葬品，仅一具人骨手中握有蚌器"[38]297。同时，广西邕县顶蛳山遗址第二期和第三期堆积以螺壳为主，出土蚌器数量较多，存在形态各异的鱼头形蚌器[39]30-33。广西葬俗中对于贝壳的使用不仅仅是铺填、填充，而是将螺壳堆积成墓圹，同时出现了手握蚌器的情况，随葬品中也包含的蚌器。

综上所述，在先秦沿海贝丘遗址的墓葬遗迹中，从北部胶东半岛到福建、广东，再到广西等地墓葬葬俗中均利用到了以贝、螺类为主的海洋资源。主要表现在：

其一，墓穴内的贝类填充物或铺于人骨之上，或填充于墓穴中。

其二，直接以蛤蜊壳坑作为墓穴，而蛤蜊壳的最大作用在于其钙化特点，有利于尸骨的保存，这也是沿海贝丘遗址贝壳堆积层常见墓葬的原因，也是沿海先民利用海洋资源的宝贵经验。

其三，作为葬俗的重要内容。在广西邕宁长塘遗址发现的墓葬中，有两具人骨周围有赤铁矿粉，其中一具无头骨的人骨使用螺壳堆成的椭圆形墓圹。

上述墓葬俗中对海洋资源的利用，尤其是广西邕宁长塘遗址出现的葬式和葬俗还见于其他考古发现和文献记载中。众所周知，在北京山顶洞人的二次合葬墓穴中的尸骨下出现了铺撒赤铁矿粉粒的现象，代表了存在赤铁矿收敛尸骨的现象，广西等地也有这一现象，同样表达了先民对于红色或生命灵魂的崇拜。值得注意的是，以贝壳填充墓葬或以螺壳堆积成椭圆形墓圹也见于文献记载，据《周礼·地官·掌蜃》："敛互物蜃物，以共闉圹之蜃。"郑玄解释道："互物，蚌蛤之蜃。闉，犹塞也，将井椁，先塞下以蜃御湿也。"[40]1218这说明使用贝壳填充墓葬或铺设墓圹成了后世重要的葬俗，当然蚌类具有防潮除湿的功能也是其被广泛运用到葬俗中的重要原因。另外，广西邕宁长塘遗址发现的墓葬中大都无随葬品，仅一具人骨手中握有蚌器。据《释名·释丧制》载："握，以物著尸手中使握之也。"[41]因此，"握"礼是传统葬俗之一,当然在贝丘遗址的"握"礼中入葬者拿在手上的是蚌器,恰恰说明了蚌器在沿海先民生活中的重要意义。

五、从交通运输看早期人类的海洋实践

在中国早期历史研究中,对于中国早期社会概况研究主要依据卜辞、铭文和先秦典籍等考古和文献资料的记载,其中关于早期人们认知海洋的实践也有迹可循。郭沫若先生在《中国古代社会研究》中说道:"《易经》是古代卜筮的底本,……它的作者不必是一个人,作的时期不必是一个时代……这些文字除强半是极抽象、极简单的观念文字之外,大抵是一些现实社会的生活。这些生活在当时一定是现存着的。"[42]38因此,从《易经》记载中我们可以循迹殷周时期的社会生活。

《周易》经文中见"利涉大川"16处、"不利涉大川"2处、"用涉大川"1处、"不可涉大川"1处。涉,指徒步渡水或者泛指渡水。例如《诗·郑风·褰裳》:"子惠思我,褰裳涉溱。"[25]119《尚书·盘庚中》:"盘庚作,惟涉河以民迁。"[5]901郭沫若先生曾言此时期的商旅交通多用马牛车舆,但在经文中却多次出现"涉大川"字样,"这可见涉的重要,但涉的工具没一处说及,而从反面来说:'包荒,用冯河。'(《泰》九二)'过涉,灭顶,凶。'(《大过》上六)'曳其轮,濡其尾。'(《既济》初九)'濡其首,厉。'(《既济》上六)这是证明涉不用舟楫,好像是全凭游泳,或用葫芦(包荒)或用牛车。由此我们可以揣想到舟楫在当时尚未发明——至少是尚未发达——所以涉川的事才看得那么重要。"[42]41依照郭沫若先生推测,《周易》时代的社会生活至少正处于舟楫尚未发达的时期,因此,对于危险的涉水活动要占筮吉凶,也因涉大川的凶险而倍受重视。然而,在日常生活中,人们已经普遍开始利用游泳、葫芦等漂浮物或牛车等方式渡河,这也可以理解为古代社会人们涉水的重要实践。

宋代洪迈《容斋随笔·卷十二》专论"利涉大川",着重强调:"《易》卦辞称'利涉大川'者七,'不利涉'者一。爻辞称'利涉'者二,'用涉'者一,'不可涉'者一。《需》《讼》《未济》,指《坎》体而言。《益》《中孚》,指《巽》体而言。《涣》指《坎》《巽》而言。"之所以得出"利涉大川"的原因在于:"盖《坎》为水,有大川之象;而《巽》为木,木可为舟楫以济川。故《益》之象曰:'木道

乃行',《中孚》之象曰：'乘木舟虚'，《涣》之象曰：'乘木有功'。又舟楫之利，实取诸《涣》，正合二体以取象也。"[43]42 由此可知，在《易经》象辞中"木道乃行""乘木舟虚""乘木有功"等又提出了"利涉大川"的重要方式是以舟楫涉大川的可能，具体情形到底如何呢？我们可以从考古发掘和文献记载中寻找答案。

从前文可知，先秦沿海贝丘遗址所反映的旧石器晚期至新石器时代先民探知海洋的实践，是我们研究先秦时期海洋观念形成和发展的基础。毋庸置疑，以舟楫涉大川是贝丘遗址先民在生活中利用交通工具经略海洋的宝贵实践。曲金良先生在其文章《中国海洋文化的早期历史与地理格局》一文中提出如下观点："主要以采捞贝类和近海岸鱼类为生业的'贝丘人'，也有临时性或季节性的居留与迁移；他们能够制造和使用海上交通工具；他们到处游走，通过海上交通建立起大陆沿海之间、沿海与岛屿之间、岛屿与岛屿之间的联系网络，成为活动力强的文化传播者。"[12] 贝丘人得以成为文化传播的使者，得益于他们经略海洋的重要实践和经验，当然，在联通陆海之间、海岛之间和岛屿之间时，他们所仰仗的便是海上交通工具，这是先秦时期人们敢于认知海洋、挑战海洋的直接表现。

实际上，在文献中可见关于舟楫，即海上交通的记载，其中较为全面的总结是明代罗颀《物原》中的记载："燧人以匏济水，伏羲始乘桴，轩辕作舟，颛顼作篙桨，帝喾作柁橹，尧作维牵，夏禹作舵加以蓬碇帆樯，伍员作楼船。"[44]32 尽管带有明显的神话色彩，但我们却能够感受到人们对于舟船这一水上工具的重视，也可以理解为"后人对海洋文明源头的追溯的自觉"[12]。因此，无论在先秦文献典籍中还是考古资料中，我们都能够清晰看到先民凭舟楫之力利用海洋、征服海洋的历史。

2013 年，位于浙江宁波余姚市三七市镇的井头山遗址被发现，井头山遗址入选 2020 年度全国十大考古新发现。据悉，井头山遗址距今约 8000 年，动物遗存中最多的是当时先民食用后丢弃的海洋软体动物的贝壳，遗址内发掘了大量的生产工具和生活遗存，具有浓厚而鲜明的海洋文化属性，是中国先民适应海洋、利用海洋的最早例证。此遗址中木器保存完整，因为这些木器早在 8000 年前便被掩埋在海侵沉积层中。在众多出土的木器中有一枚船桨,这便证明了临海而生的贝丘人利用舟楫探海,捕捞海生贝类作为食物的重要来源。

事实上,"自20世纪70年代以来,在宁绍平原东部的滨海地区、东海的舟山群岛地区,发现新石器时代遗址30多处,有的属河姆渡三、四层文化类型,距今六七千年;也有的属河姆渡一、二层文化类型,距今五千多年"[45]。这些遗址的发现证实河姆渡人已涉足舟山群岛,足迹踏遍了周边的岛屿,而实现这一壮举所依赖的便是河姆渡人所掌握的先进的水上交通工具。

1973年,在浙江省余姚,被誉为"百年百大考古发现"之一的新石器时代考古大发现——"河姆渡遗址"被发掘,"河姆渡遗址是一处距今7000年的新石器早期文化遗址。遗址濒临姚江,距东海沿岸只有数十公里,而在新石器时期,这一带近海平原当时尚未成陆,所以遗址所在就是当时的海岸"[12]。经历多次发掘,该遗址出土了6只木桨,均属第三、第四文化层。木桨"均是整块木料加工而成,桨叶呈扁平状,柄部粗细适中,自上而下逐渐变薄,线条流畅,形状有些像江南水乡使用的手划桨。其中一支桨,残长63厘米、叶长51厘米、宽15厘米,色泽赭红,木质坚硬,在柄与叶的交界处刻有对应斜线的几何图案,制作精湛,美观实用,其更像是一件杰出的工艺品。出土的这些木桨较小,桨叶的击水面狭窄,可以推测当时的独木舟体积较小"[45]。值得注意的是,河姆渡遗址内出现了船桨共存的情况。该遗址还发现了2件舟形夹炭黑陶器,属第三、四文化层:"一件长8.7厘米、宽3厘米、高3厘米,器型呈长方形;另一件长7.7厘米、高3厘米、宽2.8厘米,两头稍翘呈半月形。"[45]俯视观看略呈棱形,是一种两头削尖的菱形独木舟。尽管该遗址内未见船只遗存,但陶制独木舟原型必定来源于河姆渡先民的现实生活,是河姆渡人模拟和再现生活的艺术创作,结合出土木桨所体现的先民剖制整块木板的工艺技术,说明先民已经具备了驾船御海的工具制作技艺和海上航行能力。

与河姆渡木桨形制较小的特点相比,归属于良渚文化的浙江吴兴的钱山漾遗址出土的木桨宽大厚实,材质是质地坚硬的青冈木,木桨"通长96.5厘米、柄长87厘米(已腐朽)、叶宽19厘米,是用整块木料制成的,中间一脊贯穿桨叶连接柄部,整条木桨结实厚重。如此结实的木桨,使人们能想象出当时的独木舟体形是比较大型而且敦实的。杭州水田畈遗址也出土了 4 支木桨，这些木桨器型都比较大，桨叶比河姆渡的木桨大一倍，它的实用性也大大超过后者。这些木桨的出土充分说明在 4000 多年前的东部沿海地区，独木舟的运用已经相当普遍"[45]。

2002 年，浙江萧山跨湖桥遗址发掘出土的独木舟令世人瞩目，原因在于它把中国独木舟出现的年代推前至距今约 8000 年，为船史学界曾经做出的"中国独木舟出现的时间可能在 10000 年以前，最迟不晚于 8000 年以前"[46]11 的论断提供了强有力的实物证据。经碳十四测定和树轮矫正后，跨湖桥遗址独木舟的年代大约距今 8000—7500 年，考古专家依据古船所在地层，即第九文化层的年代，相应推断出独木舟的"年龄"约为 7600 到 7700岁[47]11。跨湖桥独木舟舟体"残长 560 厘米，最宽处约 52 厘米。独木舟木质坚硬，船身敦实，船头略为上翘，通体精致流畅，船舷内壁打磨光滑，在船头及侧舷处发现两大片的黑焦面，证实了我们的祖先用火烤刳制独木舟的技法"[45]。难能可贵的是，跨湖桥遗址船桨共存，跨湖桥独木舟附近发现有 2把未见使用痕迹的木桨。其中保存较完整的一把"长约 140 厘米，桨柄宽约6—8 厘米，厚约 4 厘米。桨板宽 16 厘米，厚 2 厘米，柄部有一方孔，长 3.3 厘米，宽 1.8 厘米，上下凿穿，孔沿及孔壁光整，无磨损痕迹"[47]13。此木桨比河姆渡木桨早约 1000 年，其形制远远大于河姆渡遗址和浙江吴兴钱山漾遗址出土的木桨，说明早在 8000 年前先民制作舟桨的工艺已经非常成熟，而木桨大小不同，则更加表明造船工艺因时因地的发展特点。

综上所述，从井头山贝丘遗址中的木桨到跨湖桥独木舟和木桨，从河姆渡遗址木桨和陶舟到钱山漾遗址中的木桨，不断地证明了先民跨海远航的事实。与文献记载相印证，《易·系辞下》说伏羲氏"刳木为舟，剡木为楫，舟楫之利，以济不通"[48]628，跨湖桥遗址的独木舟制作工艺便是"火烤刳制"的方法，井头山木桨和河姆渡木桨均采用剖削整块木料制桨的方法。考古发现与文献记载相得益彰，再一次证明先民以木舟作为海上交通工具经略海洋的事实。不过，文献记载不仅于此，《淮南子·说山训》谓："见窾木漂而知为舟。"[49]1133《世本》记载："共鼓货狄作舟。"《张澍集补注本》云："古者观落叶，因以为舟。"[50]9《国语·齐语》云："方舟设泭，乘桴济河。"[51]234 桴就是

29

筏。由此可知,筏也是先民所使用的重要的交通工具。综合考古发现中独木舟、木桨、木船和船帆等遗存的出土和文献中对于先民跨海远航史实的记载,学者们对中国史前时期中国舟船发展的脉络做如下推测:"中国原始独木舟可能在 10000 年以前的旧石器时代晚期出现,那个时候人们已具有较高的造筏和乘筏渡海的水平。在 7000 至 10000 年之间,不仅单体独木舟制作技术已趋向成熟,人们还能制作适合在海上远距离航行的复合独木舟,风帆可能已经出现并用于航海,而且出现了以独木舟为主体改造而成的木板船的雏形。在 5000 至 7000 年之间,人们能够制造以木板为主通过拼接捻缝水密的木板船,并得到一定程度的发展。在 4000 至 5000 年之间,木板船进一步发展并开始广泛应用。"[52]27

　　综上所述,通过对考古资料和文献记载的梳理,旧石器时代,居住在沿海和岛屿的先民便开启了他们探索、开发和利用海洋的历史。遍布辽阔的海岸边境的沿海贝丘遗址的发掘和研究是探索先秦海洋开发历史的物质基础,在这些相对稳定的居住遗址上,贝丘先民临海而居、傍海而生。在打制石器向磨制石器发展进程中,贝类、蚌器成为人类生活重要的生产工具,而人们探索海洋的方式也经历从采集、钩钓到捕捞的发展历程,技艺不断提高、规模不断扩大,渔猎海洋生物的种类也不断丰富。通过碳氮研究和 C 同位素原理探知的遗址内先民的饮食结构,证明海洋生物在相当一段时间内是贝丘先民重要的食物来源,可以说,海洋哺育临海而居的先民。当然,为生存和生活而奔波的先民的主动性永远是推动早期人类探索海洋、开发海洋、经略海洋的精神原动力。从开始利用游泳、葫芦等漂浮物或牛车等方式渡河在近海区域探索,到凭借舟楫之便征服海洋,随着独木舟、木桨、木船和船帆的出土,证明了先民驾船驭海的实践能力日益增强。另外早期人类对于海洋的开发和利用还显现在经济社会发展的历程中,其中最为典型的便是记载于文献、雕刻于青铜铭文、出土于遗址墓葬的大量贝币的存在,既关乎内陆与沿海之间的物物交换,又关系到早期货币和商品经济的起源与发展。同时,墓葬中贝壳填充物的大量使用、贝类随葬品的出土和被逝者执于手中的蚌器,都证明了早期先民重视海洋、亲近海洋、认知海洋、利用海洋的实践经历,为先秦海洋观的起源、发展和演变奠定了宝贵的实践基础。

第三章　先秦海洋观发展的思想基础

从先秦考古资料中,我们可以详细探知古代先民的探海实践。随着文字的出现和文明的演进,在浩瀚而深远的思想长河中蕴含着早期人们对于海洋的认知,而这些认知便潜藏于先秦文献典籍的字里行间,同时,先秦时期思想的交相辉映又为先秦海洋观的发展提供了沃土和平台。

一、儒家积极入世的海洋观

在儒家经典文献中,对于海的论述较为常见,并且在儒家代表性典籍中,对于海洋的认知存在着明显的承继关系。

(一)《论语》和《孔子家语》的"四海疆域"和"以海喻德"

《论语》是孔子弟子及再传弟子记录孔子及其弟子言行的语录文集,是先秦时期集中反映孔子思想的重要文献典籍。《孔子家语》是一部记录孔子及孔门弟子思想言行的重要著作。西汉墓葬中与《孔子家语》内容相仿的简牍资料的出土,印证了此书的重要价值。《孔子家语》成为全面研究和准确把握早期儒学的重要典籍。在这两部文献资料中,关于海的记载呈现如下特点:

其一,作为疆域边界的"四海"被广泛使用。

在《论语》和《孔子家语》对于"海"的引用和论述中,最常见的是"四海"观念的使用。例如《论语·颜渊》中子夏曰:"四海之内,皆兄弟也。"[53]830在孔子所言的"大同"社会中,所强调的是:"大道之行也,天下为公。……故人不独亲其亲,不独子其子,老有所终,壮有所用,幼有所长,鳏寡孤独废疾者,皆有所养。"[54]235子夏所阐述的思想内容可溯源于孔子,则"天下"和"四海"所代表的是社会理想层面的广阔的疆域范围,其中"四海"概念的使用更是基于海洋广阔无垠的特点而用以代指辽阔无边的疆域。

此外,"四海"疆域概念的使用还见于《论语·尧曰》,在叙述尧、舜、禹禅

31

让的标准时强调，若"四海困穷，天禄永终"[53]1345；《尔雅·释地》曰："九夷、八狄、七戎、六蛮谓之四海。"郭璞注："九夷在东，八狄在北，七戎在西，六蛮在南，次四荒者。"[55]42从《尔雅》将"四海"载于"释地"可知，四海所指代的是东西南北的地域。

在《孔子家语》中亦见有"四海"疆域概念的使用。例如《孔子家语·王言解》所记录的是孔子与弟子曾参的对话，同时见于《大戴礼记·主言》，强调治理天下的关键是"内修七教，外行三至"，于是"四海之内，无刑民矣"[56]5，"有土之君修此三者，则四海之内拱而俟"[56]8。显然"四海之内"指代的是普天之下的广阔疆域，类似的记载还有"富有四海""四海承风""巡四海以宁民""巡狩四海""行之克于四海"等，表述均统一于"四海之内"，代表辽阔的疆域。

其二，反映了对实际海域的认知。

《论语·公冶上》记载："子曰：'道不行，乘桴浮于海。'"[53]299《论语集释》之《考证》云："东夷天性柔顺，异于三方之外，故孔子悼道不行，设浮于海，欲居九夷，有以也。"[53]299此解可以理解为，孔子"乘桴浮于海"至东夷，与前文所说"四海"所指的陆地概念相比，乘竹筏于海上，则海具有了实际含义，其大体方位是"夫子居鲁，沂费之东即海也，其南则吴越也"[53]300。此外，先贤论述竹筏所到之海时感叹："岂犯鲸波陵巨洋者乎？"[53]300值得注意的是，此处托物以言志，"言道之不行，如乘桴于海"，尽管"道不行"，但夫子志不移。类似记载在《论语·微子下》中也有："少师阳、击磬襄入于海。"《论语集注》云："海，海岛也。"[53]1289此记载反映的是鲁室衰微，自太师以下诸官逾河蹈海以出奔的史实。阳、襄二人奔散于中原之外，是否居于海岛没有确定说法，但居于海滨，终因滨海遥远而致使乐音遗失具有一定的可能性。

其三，托海言志，以海喻德。

如果说"四海"与"天下"并称，代表了辽阔的疆域或僻远之地，具有鲜明的政治属性，那么以海之辽阔比喻德行的高远，则为海赋予了鲜活的思想内涵。《孔子家语》中描写了齐国的太史子敬佩孔子的品德："吾鄙人也，闻子之名，不睹子之形久矣，而求知之宝贵也，乃今而后知泰山之为高，渊海之为大。惜乎夫子之不逢明王，道德不加于民，而将垂宝以贻后世。"[54]291他以

"泰山"之高和"渊海"之大来美誉孔子的品行。

事实上,《孔子家语》"观周第十一"中对于海之品质的描述代表了孔子对于海的认知,文中孔子观政于周,入古庙读金人背铭文而"战战兢兢,如临深渊,如履薄冰"[54]85。铭文中有言:"江海虽左,长于百川,以其卑也。"[54]85意为江海虽然处于下游,却能容纳百川,因为它地势低下。与《老子》第三十二章载"譬道在天下,犹川谷与江海"[57]132异曲同工,强调的是江海的品格便在于谦卑而宽容。

(二)《孟子》的"以保四海""以海论道"和"巡海观政"

孔孟学说一脉相承,对海洋的认知既有对"四海"疆域概念的沿用,又有对海洋政治、海洋哲学等思想的创新和发展。

其一,"四海"兼具天下和大海之意。

首先,将"四海"释意为天下。据《孟子·梁惠王上》:"故推恩足以保四海。"注云:"善推其心所好恶,以安四海。"[58]87强调的是由近至远把恩惠推广开去,便足以安定天下。又如《孟子·公孙丑上》:"凡有四端于我者,知皆扩而充之矣,若火之始然,泉之始达。苟能充之,足以保四海;苟不充之,不足以事父母。"[58]235强调如若能够扩充"四端"①之心便可安定天下,如若不能则连父母都无法赡养。《孟子·滕文公下》在谈论汤征伐葛伯的故事时引用"四海之内"百姓的评论,"四海之内"便代表了四海之民即天下百姓。《孟子·离娄上》记载:"天子不仁,不保四海;诸侯不仁,不保社稷;卿大夫不仁,不保宗庙;士庶人不仁,不保四体。"[58]492"不保四海"即不能安天下,由此可见,"四海",即天下已经成为先贤论证惯用的概念,其与天下对应代表了广阔疆域或天下百姓,又如"天下慕之"对"溢乎四海","中天下而立"对"定四海之民"。

其次,将"四海"释意为水,即大海。《孟子·离娄下》中孟子曰:"原泉混混,不舍昼夜。盈科而后进,放乎四海,有本者如是,是之取尔。"[58]563"放乎四海"是指至于四海,即"注诸海""入于海"之海,"四海"便可释意为水,

---

① 所谓"四端"见《孟子·公孙丑上》:"恻隐之心,仁之端也;羞恶之心,义之端也;辞让之心,礼之端也;是非之心,智之端也。"

即百川入海之大海。又如《孟子·告子下》中白圭与孟子论治水，孟子强调大禹治水的关键在于"禹之治水，水之道也，是故禹以四海为壑"，"以四海为沟壑，以受其害水"[58]859，大禹治水的关键是顺应水的本性而为，以"四海"为归引水流的受水之地，最终引水流汇入海。

其二，"海"实指近齐之海域。

据《孟子·梁惠王上》记载，孟子评议君王"诚不能"做到的事情是"挟太山以超北海"，注云："太山、北海皆近齐，故以为喻也。"[58]85-86关于齐境内是否有泰山和北海，阎若璩《四书释地》云："《禹贡》海岱惟青州，故苏秦说齐宣王：齐南有泰山，北有渤海。司马迁言吾适齐，自泰山属之琅邪，北被于海。降至汉景帝，犹置北海郡于营陵，营陵，旧营丘也。……以知挟太（泰）山以超北海，皆取齐境内之地设譬耳。"[58]86同时，类似记载见于《孟子·梁惠王下》："昔者，齐景公问于晏子曰：'吾欲观于转附、朝舞，遵海而南，放于琅邪。吾何脩而可以比于先王观也？'"[58]119注云："循海而南，至于琅邪。"阎若璩《四书释地》云："意此二山（转附、朝舞）当在海之东尽头，如成山、召石山之类，登之可以观海，然后回辙，巡海之滨西行，以南至琅邪，亦可观海焉。"[58]120此处详细描绘了齐地南北临海，并且拥有漫长的海岸线的特点，齐景公登临烟台芝罘山和威海荣成山观海之尽头，回辙，沿海岸线西行，再向南至琅邪一带的巡海历程。

《孟子·离娄上》载："伯夷辟纣，居北海之滨，闻文王作兴，曰：'盍归乎来！吾闻西伯善养老者。'太公辟纣，居东海之滨，闻文王作兴，曰：'盍归乎来！吾闻西伯善养老者。'二老者，天下之大老也，而归之，是天下之父归之也。"[58]512-513注云："太公，吕望也。亦辟纣世，隐居东海，曰闻西伯养老。二人皆老矣，往归文王也。"[58]513《左传·僖公四年》载，齐国伐楚，"楚子使与师言曰：'君处北海，寡人处南海，唯是风马牛不相及也。'"[59]289《战国策·齐策》记载，齐"托于东海之上"[60]345。综上所述，在文献记载中齐地所临之海被称为"北海"或"东海"，归属于同一片海域，但在具体方位上有南北之分，其区域相当于今天的渤海、黄海区域。

其三，遁世辟居住于海滨，以待明君入世。

《论语·公冶上》孔子曾言："道不行，乘桴浮于海。"[53]299孔子的意思是：如果主张的确无法推行，他想乘着木排漂流海外。这点明了他辟居海外的想法。在儒家思想发展的进程中，确实出现了遁世辟居于海滨，以待明君入世的叙述，见于《孟子·离娄上》："伯夷辟纣，居北海之滨"[58]512，"太公辟纣，居东海之滨"[58]513。他们避世而居的原因如孟子所言："伯夷目不视恶色，耳不听恶声。非其君不事，非其民不使。治则进，乱则退。横政之所出，横民之所止，不忍居也。……当纣之时，居北海之滨，以待天下之清也。"[58]669由于贤良之人隐于滨海而居使得海滨被赋予了隐世而清净的含义。又如《孟子·告子下》："孙叔敖举于海。"[58]864以"举于海"讲述了孙叔敖隐世并劳作于淮地海疆的经历。

其四，托海言志，以海论道。

与孔子"以海喻德"不同，孟子论海的侧重点在于"以海论道"。关于大海之道的论述见于《孟子·尽心上》："孔子登东山而小鲁，登泰山而小天下。故观于海者难为水，游于圣人之门者难为言。观水有术，必观其澜。日月有明，容光必照焉。流水之为物也，不盈科不行；君子之志于道也，不成章不达。"[58]913-914依据孟子所言，在看过大海的辽阔后，很难再被大海之外的水域吸引，观水有道，必有感于水的波澜壮阔，流水的特点是不把洼地填满，不会向前流动，而君子问道，没有一定成就也不能实现通达。前文已述《孔子家语》中齐国的太史子敬佩孔子的品德，以"泰山"之高和"渊海"之大来美誉孔子的品行，结合孟子强调"游于圣人之门者难为言"，在圣人门下学习后，就如同"观于海者难为水"，很难再与其他言论为伍，得出君子问道的关键就是孟子"以海论道"的核心——要如"流水之为物也，不盈科不行"，最终达到以海为壑、观澜于海的境界。

其五，"巡海观政与乐而不归"。

如果说"巡海观政"来自对海洋疆域的掌控，"乐而不归"则反映了临海生活的欣然状态。然而当两者形成取舍时，起决定作用的便是统治者的治政理念和态度，这便是孟子海洋政治观的集中体现。

临海而居的欣然状态不仅仅体现在统治者巡海观政时的"乐而不归"，还表现为舜弃天下后的"乐而忘天下"。据《孟子·尽心上》记载："舜视弃天下犹弃敝屣也。窃负而逃，遵海滨而处，终身欣然，乐而忘天下。"[58]931舜弃天下，负父居住于海滨，最终"乐而忘天下"，尽管孟子论述的原意侧重于舜在法、政、孝之间的选择，但却透露了舜和父亲居海滨欣然且快乐的生活状态。

齐景公"巡海观政"想法的形成见于《孟子·梁惠王下》的记载，在齐宣王与孟子交谈中转述了齐景公向晏子征询巡海观政的想法："吾欲观于转附、朝舞，遵海而南，放于琅邪，吾何修而可以比于先王观也？"[58]119齐景公表达了此次巡海观政如何才与圣贤之君巡游相比拟的想法，也表达了齐景公巡海观政的决心。

齐景公具体的游海经历则记载于《韩非子·外储说右上》："景公与晏子游于少海，登柏寝之台而还望其国，曰：'美哉！泱泱乎，堂堂乎！后世将孰有此？'"[67]312"少海"指渤海，也称为幼海，《山海经·东山经》有"南望幼海"，晋郭璞注："即少海也。"[61]135《淮南子·墬形训》记载："东方曰大渚，曰少海。"高诱注："东方多水，故曰少海，亦泽名也。"[49]331-332结合《孟子·梁惠王下》所记载，齐景公"欲观于转附、朝舞，遵海而南，放于琅邪"[58]119，转附、朝舞、琅琊便是齐景公出游渤海所经之地，分别是今天的烟台芝罘、荣成成山头和胶南琅琊台，那么齐景公与晏子所游之地的确是渤海古胶州湾地带，并且登"柏寝之台"①而感慨齐国的壮阔。

对此事的后续评论见于汉代典籍《说苑·正谏》，其中载有："齐景公游于海上而乐之六月不归。令告左右曰：'敢有先言归者致死不赦。'颜烛趋进谏曰：'君乐治海而六月不贵，彼傥有治国者，君安得乐此海乎。'……遂归。中道，闻国人谋不内之。"[62]240最终的结局是齐景公听谏而归。然而，齐景公"巡海观政"的记载与评论却体现了先秦时期对于海洋的重要认知。一是以齐地为例，当时已经具备了沿海而行的水上航运的能力。前有齐桓公曾东

---

① 王铎先生在其文章《马濠运河是古代中国海上丝绸之路的"东方走廊"》中指出，齐景公登上的柏寝之台就是灵山岛，而他选择的航行线路则是从马濠运河直接切入的。胶州湾古称"少海"，它的沿岸几乎没有什么高山，如果勉强算有，也只有薛家岛了。王铎据此分析，齐景公真正可以方便登临的、能够居高临下遥望齐都的地方，只有胶州湾外海的灵山岛。灵山岛海拔513.6米，是中国北方第一高岛，历史上一直被认为是仙人居住的地方。所以，民间相传其"若有灵焉"。事有凑巧的是，"柏寝"本来就是灵山岛的古名，"柏寝之台"就是指灵山岛的最高峰。

游海上南至琅琊,后有齐景公沿海观政六月不归,说明前后百余年间,齐国水上航运越来越成熟,人们征服海洋的能力越来越强,也显示了齐国强大的驭海能力。二是从齐王海上巡游的过程和目的来看,齐景公效仿圣贤之君巡游海上一方面是为了显示国力的强盛,另一方面却也体现了"观于海者难为水"的思想境界,具体体现为观海之波澜壮阔的流连忘返。三是齐景公"游于海上而乐之,六月不归",说明临海而居、巡海而游的生活确实能够令人"乐而忘天下"。四是从齐景公终因被强谏而返的事实来看,广阔的海域始终是统治者的治政范围,尤其突出的是统治者"巡海观政"的政治意义。

(三)《荀子》的"四海之内若一家"与"以海喻教"

《荀子》对于海洋的论述,既秉承了儒家学派的一贯认知,如以"四海"释意天下,代表辽阔的疆域,又对海洋的认知进行了发展和丰富。

其一,海内、四海、四海之内均与天下同义,体现了"四海之内若一家"的思想和至高的治政境界。《荀子·不苟》:"君子……推礼义之统,分是非之分,总天下之要,治海内之众,若使一人。故操弥约而事弥大。五寸之矩,尽天下之方也。故君子不下室堂而海内之情举积此者,则操术然也。"疏云:"君子不下室而海内之情举积此,犹老子言:'不出户,知天下也。'"[63]49又如《荀子·王霸》载:"海内之人莫不愿得以为帝王。"[63]213《荀子·强国》载:"威动海内,强殆中国。"[63]301综合来看,"海内之众""海内之情""海内之人"的"海内"均取天下之意,即天下百姓、天下情形和天下之人。类似情况见于《荀子·儒效》。秦昭王问儒者居上位的意义,孙卿强调儒者的品质是"此君义信乎人矣,通于四海,则天下应之如謹",疏云:"言此义信乎人,通乎四海,则天下莫不应之也。"[63]120最终必然会"近者歌讴而乐之,远者竭蹶而趋之,四海之内若一家,通达之属莫不从服,夫是之谓人师"[63]121,终将成为天下之表率。可见,先秦时期,文献记载中对四海、四海之内或海内等的使用,存在"释地"和"释水"的差别,即代表地域还是海域的差别,就"释地"层面而言逐渐趋同一致,即与天下同义。《荀子·王制》强调"通流财物粟米,无有滞留,使相归移也"[63]161,最终实现"四海之内若一家"的目的,而《荀子·王霸》所言"以是县天下,一四海"[63]213,强调的是治理天下并一统四海。对于统治阶层而言,"明德慎罚,国家既治四海平"[63]461,"四海之民不待令而一,夫是之谓至平"[63]232,则是治政的最高境界和最高追求。

其二,以"海"代指边界区域,并非指海水或海域。

《荀子·王制》载:"北海则有走马吠犬焉,然而中国得而畜使之。南海则有羽翮、齿革、曾青、丹干焉,然而中国得而财之。东海则有紫紶、鱼盐焉,然而中国得而衣食之。西海则有皮革、文旄焉,然而中国得而用之。"[63]161-162这里出现了"北海""南海""东海"和"西海",杨倞注:"海,谓荒晦绝远之地,不必至海水也。"即四海所指代的便是中原之外东、西、南、北四方极远之地。

其三,以海喻教,强调积少成多汇成江海。

《荀子·劝学篇》记载:"积土成山,风雨兴焉;积水成渊,蛟龙生焉;积善成德,而神明自得,圣心备焉。故不积跬步,无以至千里;不积小流,无以成江海。"[63]7-8此句为《劝学篇》中的名句,以"积少成多"的理念强调"积善成德而神明自得,圣心备焉"的道理,而"积少成多"最典型的表现便是"不积跬步,无以至千里;不积小流,无以成江海"[63]8,比喻循序渐进、踏踏实实的努力终将行至千里、终将汇流成海。之所以能够积少成多以成江海,还源自大海不可计量的广博,用以比喻数量极多。《荀子·富国》中,荀子面对墨子"为天下忧不足"的不安,强调天下物产的丰盈,其中飞禽水鸟的数量被形容为"若烟海",杨倞注:"远望如烟之覆海,皆言多。"[64]185同样,"财货浑浑如泉源,汸汸如河海",比喻财富多得如泉水一般滚滚而来,如河海一样无边无际。

(四)儒家所蕴含的对海洋认知的特点

首先,立足于海域本身,对遥远但不再神秘的海域的客观性认知,是儒家对海洋认知的基础。例如《论语·公冶上》载:"子曰:'道不行,乘桴浮于海。'"乘竹筏于海上,表明人们对于近海生活的熟识,大海也不再仅仅以"晦""黑"等特征为代表,而是被赋予了遥远而广阔的客观认知。"禹以四海为壑",揭示了百川汇流入海的博大,而"放乎四海"即指"注诸海""入于海"之海。不仅如此,《孟子·尽心上》关于舜弃天下而负父居住于海滨的记述,对舜和父亲居海滨的生活状态做出了"乐而忘天下"的评价,说明临海生活欣然且快乐。之所以形成上述认知,还得益于齐地南北临海的地域特点,经略海洋已经成了齐国治政的重要实践,而实践又成为人们认知海洋的重要指导。因此,齐景公才效仿齐桓公,凭借齐国丰富的御海经验和雄厚的物力财力,实现了"欲观于转附、朝舞,遵海而南,放于琅邪"巡海观政的目标,并"游于海上而乐之,六月不归",终因被强谏而返。

其次,立足于天下,以"海"作为统治的边界,为"海"赋予了地理边界或管辖范围等方面的政治意义,例如作为疆域边界的"四海"、作为边疆"四海"内的异族等。其中最为典型的便是"四海之内皆兄弟""四海一家",又有"富有四海""四海承风""巡四海以宁民""巡狩四海"等,均代表了统治者广阔的疆域。又如《荀子·王制》记载了"北海""南海""东海""西海"之于"中国"的贡赋关系,表明了"中国"辖下广阔的疆域。基于此,荀子论证强调"以是县天下,一四海",进而达到"明德慎罚,国家既治四海平"[63]461、"四海之民不待令而一,夫是之谓至平"[63]232的目的,则是治政的最高境界。

再次,以海喻政、以海喻德、以海喻道、以海喻教,是基于对海洋博大宽广认知基础上的发展,是儒家积极入世海洋观的重要体现。儒家以海喻政的叙述习惯和认知特点在儒家经典中随处可见,不仅如前文所述,海、海内、四海、北海、东海、南海、西海等具有政治含义,且齐景公巡海观政无疑向世人宣告了齐国国力的强大和沿海疆域的广阔。以海喻德取海之深沉、广阔的特点,因此《孔子家语》中以"泰山"之高和"渊海"之大来美誉孔子的品行。以海喻道则取海之地势低下而容纳百川又波澜壮阔的特点,因此《孔子家语》引金人背铭文"江海虽左,长于百川,以其卑也"[54]85,强调江大海谦卑而宽容的品质,同时《孟子·尽心上》强调:"观水有术,必观其澜。……流水之为物也,不盈科不行;君子之志于道也,不成章不达。"[58]913-914君子问道就如同"观水有术",有感于"流水之为物也,不盈科不行",最终达到以海为壑、观澜于海的境界。以海喻教依旧来源于大禹治水之道"四海为壑",即百川入海的特性。壑,朱熹集注云"受水处",然而作为"受水处"的大海则是循序渐进而成。《荀子·劝学篇》便强调了"积少成多"的治学理念:"不积跬步,无以至千里;不积小流,无以成江海。"[63]8比喻循序渐进、踏踏实实的努力终将行至千里、终将汇流成海。

二、道家"以海论道"至逍遥之境

道家"以海论道",从其晦、暗、浩渺和博大的本质出发,借助海洋生物和陆生生物的视域,将对海的认识融入"大知"和"小知"的哲学境界,最终化成天地和谐的逍遥境界追求。其中《老子》以海论道的核心思想是无私无欲、谦下不争,体现其心向自然的海洋观。

(一)《老子》以海论道:无私无欲、谦下不争

在道家经典著作《老子·道经》和《老子·德经》中,对于大海最为典型的论述为"以海论道",具体而言体现在以下两个方面:

其一,以海之黑晦与不可穷极的特点比喻无私无欲的独我境界。

《老子·道经》载,圣人独我的境界表现为"淡若海,漂无所止",《释名·释水》:"海,晦也。主承秽浊,其水黑而晦也。"[41]19朱谦之云:"此形容如海之恍惚,不可穷极。"[57]84突出强调了圣人虚静恬淡、无私无欲的心境和无执无着、怡然自得的神态。

其二,用江海"以其善下"而为百谷之王比喻谦下不争的品德。

《老子·德经》第六十一章载"大国者下流",王注:"江海居大而处下,则百川流之;大国居大而处下,则天下流之。故曰'大国下流'也。"[57]248为什么以江海比喻大国呢?在《老子·德经》中有评论:"江、海所以能为百谷王,以其善下之,故能为百谷王。"朱谦之案:"'王',往也。'百谷王',谓为百川之所归往,故能为百谷长也。"[57]267《淮南子·说山训》曰:"江海所以能长百谷者,能下之也;夫唯能下之,是以能上之。"[49]1110强调大海是百川之所归处,所具有的品质便是"以其善下",而这一品质融入圣人治国之道便表现为:"是以圣人欲上人,必以言下之;欲先人,必以身后之。"[57]267圣贤之所以能够安抚万民,主要是因为圣贤没有私欲,从不计较个人的得失,对待民众的时候,就像江海对待百川一样谦和卑下,最终实现"以其不争,故天下莫能与之争"的目的。

(二)《庄子》心向自然的涉海观

《庄子》是先秦时期道家学派的代表性典籍,反映了以庄子及其后学对老子道家学说的继承和发展,内容丰富,博大精深,而《庄子》一书中所蕴含的先秦海洋观念便潜藏于文章奇幻的想象、奇妙的寓言和瑰丽的意境中。

第一,将天地的广阔、四海的渺小统一于对治理天下的客观认知中。

在先秦典籍中常见"四海"与"天下"并述的情况,代表了广阔的疆域,《庄子》一书中对此继承和发展的表现在于将"四海"与"天地"并述,以陆地的有限性来突出大海的广阔,以天地的无限性来突出大海的渺小,又以此为基础讨论对治理天下的客观认知。

首先,广阔而包容依旧是大海的特质,此为对前人海洋认知的继承性。

《庄子·秋水》篇中强调:"天下之水,莫大于海,万川归之,不知何时止而不盈;尾闾泄之,不知何时已而不虚;春秋不变,水旱不知。此其过江河之流,不可为量数。"[64]563此句叙述了大海海纳百川却永不满溢的特质:天下之水,没有什么比海更大,万川流归入海,不知道什么时候才会停歇而大海却从不会满溢;海底的尾闾泄漏海水,不知道什么时候才会停止而海水却从不曾减少;无论春天还是秋天不见有变化,无论水涝还是干旱都不会有知觉。这说明大海远远超过了江河的水流,不能够用数量来计算,不能用盈泄来品评。《庄子》论海是基于对大海特质的认知基础上,语言精妙、意理精辟,形象而生动地揭示出大海的辽阔、万流归海的包容、海水更替的无限和永不干涸的度量等,是先秦文献典籍中有关海的最全面而精妙的论述。

其次,大海归属于宇宙万物,融于天地之间,显现《庄子》论海的辩证性。

《庄子·秋水》篇在叙述大海的辽阔和永不干涸的无限性之后托物言理,强调:"吾未尝以此自多者,自以比形于天地,而受气于阴阳,吾在于天地之间,犹小石小木之在大山也。方存乎见小,又奚以自多!"[64]563突出"我"在天地之间的渺小,犹如大山之中的小石和小木,因此,不能因自满而自负;即便是无限广博的大海亦是天地间万物之一,因此"计四海之在天地之间也,不似礨空之在大泽乎?"[67]563四海存在于天地之间,又如小小的石间空隙存在于大湖沼之中。庄子将大海置于广阔的宇宙之间,突破了人们对于大海或晦暗或无限博大的普遍性的认识,辩证客观地看待大海,突出了大海归属于宇宙万物,融于天地之间的真实状态。

最后,托海言道,体现对治理天下的哲学认知,突出《庄子》论海的思辨性。

《庄子·秋水》言："计四海之在天地之间也，不似礨空之在大泽乎？"[64]563强调广阔无垠的大海置于天地间依旧如茫茫沼泽中的石间空隙，同样，"计中国之在海内，不似稊米之在太仓乎？"[64]564四海之内的中国，就像太仓中细碎的米粒。作为世间万物之一的"人卒九州，谷食之所生，舟车之所通，人处一焉"[64]564，这便代表了天下，庄子言天下便如同"豪末之在于马体乎"，而这样的天下却是"五帝之所连，三王之所争，仁人之所忧，任士之所劳，尽此矣"[64]564，无论是五帝三王的更替和争夺，还是仁贤的维护和操劳，甚至是"伯夷辞之以为名，仲尼语之以为博"[64]564，无不是为了这毫末般的天下。然而庄子感慨："此其自多也，不似尔向之自多于水乎？"[64]564关注天下如同更多地关注大海的广博和辽阔一样，治天下和论天下是三皇五帝和仁贤圣人引以为自傲的追求，却忽视了无论大海还是天下，实际上仍然是天地间渺小的万物之一，这些自傲和自满实际上就如同河水暴涨时的扬扬自得。

综上所述，庄子在论述大海的有限、天地的无限和治理天下的认知时，打破了以天下为核心的普遍认知，托海言理，尽管天下如同大海一样汇聚万民，但将其置于天地之间时仍旧如毫末般渺小，因此，诚如五帝、三王、仁贤、圣人等为谋天下鞠躬尽瘁的人也应当时时自省，不能沉溺于治天下和论天下的功名。由此可见，《庄子》论海不再拘泥于对于大海本体的论述，而是在辩证的哲学思维基础上，侧重于以海言政，突出治理天下应拥有更为广阔、更为无限的宇宙观，更应客观谨慎地审度天下而非故步自封。

第二，以海洋和陆生动物为寓，以小大之辩来凸显海洋空间上浩瀚无边和时间上亘古不变的无限性。

在先秦时期众多的经典神话中，最为著名的当属《庄子·逍遥游》所载的"鲲鹏"和与之相对应的"斥鴳"。《庄子》以鲲鹏上天入地的动态形象，呈现天海间无限广阔的逍遥之境和万物的渺小之态，以鲲鹏视野下如毫末般渺小的万物形态，对比如鲲鹏般的"大知"境界，以斥鴳来源于生存现实的狭隘认知，凸显如斥鴳般的"小知"感悟。

> 北冥有鱼，其名为鲲。鲲之大，不知其几千里也；化而为鸟，其名为鹏。鹏之背，不知其几千里也；怒而飞，其翼若垂天之云。是鸟也，海运则将徙于南冥。南冥者，天池也。齐谐者，志怪者也。谐之言曰："鹏之

徙于南冥也,水击三千里,抟扶摇而上者九万里,去以六月息者也。"[64]1-4

从叙述中我们可知以下信息:一是鲲、鹏的共同特征是"大",鱼、鸟变换间腾跃于天海之下最为广阔的空间领域,以极尽夸张的方式,突出了鲲鹏视域的无限性;二是鲲鹏力量的来源是"海运",从南冥到北冥的辽阔海域,鹏鸟需要借助"海运"的力量,扶摇直上九万里,远洋飞行六月间,才能实现南北海域的跨越。庄子借助鲲鹏在惊涛拍岸的海洋力量的推动下,呈现水击长空三千里和扶摇直上九万里的逍遥状态,创设了盘旋飞行下鲲鹏的无限视野,映射了无比广阔的宇宙空间。而在鲲鹏视野之下,万物均渺小,《庄子·逍遥游》:"野马也,尘埃也,生物之以息相吹也。天之苍苍,其正色邪?其远而无所至极邪? 其视下也,亦若是则已矣。"[64]4鲲鹏视野下万物如尘埃般渺小,形成了宏观宇宙和万物微尘的对比,而鲲鹏也化成了一种逍遥之境下"大知"的代表。

为了更进一步显现宇宙无限和万物渺小的对比,显现逍遥之境下"大知"和"小知"差别,《庄子·逍遥游》中还描述了另外的物种——蜩与学鸠,各自从自己的视野出发评价了鲲鹏的腾跃之举:"蜩与学鸠笑之曰:'我决起而飞,抢榆枋,时则不至,而控于地而已矣;奚以之九万里而南为?'"[64]9显然蜩与学鸠的境界属于"小知",由于生存环境和个体能力的差异,造就了三者之间对于逍遥之境的不同认知,因此,庄子感慨:"适莽苍者,三餐而反,腹犹果然;适百里者,宿舂粮;适千里者,三月聚粮。之二虫又何知?"[64]9由二虫浅薄的认知而引发了关于"小知不及大知,小年不及大年"的感慨,进而引出了空间和时间上的小大之辩。

然而,最为详细和鲜明的小大之辩见于斥鷃对鲲鹏上天入海逍遥行为的反问之中。

汤之问棘也是已。穷发之北有冥海者,天池也。有鱼焉,其广数千里,未有知其修者,其名为鲲。有鸟焉,其名为鹏,背若太山,翼若垂天之云;抟扶摇羊角而上者九万里,绝云气,负青天,然后图南,且适南冥也。斥鷃笑之曰:"彼且奚适也? 我腾跃而上,不过数仞而下,翱翔蓬蒿之间,此亦飞之至也。而彼且奚适也?"此小大之辩也。[64]14

从斥鴳观鲲鹏飞行所发出感叹来看,有限的时空条件限制了其间物种的认知和视野,盘桓于蓬蒿之间的斥鴳永远无法理解扶摇于天海之间的鲲鹏的认知。这表明了"不同存在境域中的个体相互间存在理解的鸿沟。斥鴳笑鲲、鹏表明了存在形态差异导致了理解的困难,小大之辩不仅仅与存在的外在形态相关,还涉及看待世界的不同视域。之所以产生认知的差别,源自鲲、鹏处在海洋无限空间的境遇下,海洋的无限性决定了生长其中的动物的认知广度与深度,这是生长于陆地动物难以达到的"[65]。因生活空间差异而呈现的认知差异还表现在"井蛙不可以语于海者,拘于虚也",受到生活空间的限制,井里的青蛙无法理解大海的广博。

如果说鲲鹏和斥鴳的行为差距和认知不同来自生活空间上的差异,那么大海亘古不变的时间上的无限性,则体现在大海自身的特质之上。《庄子·秋水》:"天下之水,莫大于海,万川归之,不知何时止而不盈;尾闾泄之,不知何时已而不虚;春秋不变,水旱不知。此其过江河之流,不可为量数。"[64]563 天下之水,之所以"莫大于海",原因在于万川无休无止地归流,不论季节变化、顺遂和灾难的交替,从不停止,终究汇成了广阔无垠的大海,而"量无穷,时无止,分无常,终始无故"正是海在时间上的无限性的经典写照。

接下来,《庄子·秋水》在坎井之蛙和东海之鳖的对论中,将大海的时间和空间上的无限性有机地结合起来。坎井之蛙谓东海之鳖曰:"吾乐与!出跳梁乎井干之上,入休乎缺甃之崖。赴水则接腋持颐,蹶泥则没足灭跗。还虷蟹与科斗,莫吾能若也。且夫擅一壑之水,而跨跱坎井之乐,此亦至矣。夫子奚不时来入观乎?"[64]598 坎井之蛙的快乐在于:跳跃玩耍于井口栏杆之上,休息于井壁砖块破损之处,任性地跳入水中、踏入泥里,此逍遥恣意是水中赤虫、小蟹和蝌蚪无法比拟的。坎井之蛙称此为独占一坑之水、盘踞一口浅井的快乐,对于坎井之蛙最是称心如意,也正是其向东海之鳖炫耀的地方。然而现实的情况是,坎井容不下东海之鳖的庞大身躯,东海之鳖向坎井之蛙阐释了大海的特性:"夫千里之远,不足以举其大;千仞之高,不足以极其深。禹之时,十年九潦,而水弗为加益;汤之时,八年七旱,而崖不为加损。夫不为顷久推移,不以多少进退者,此亦东海之大乐也。"[64]598 与坎井之蛙的快乐相比,东海最大的快乐是不受洪涝干旱的影响、不拘时间如何变化、不因雨量多少而改变，呈现出时间和空间上的无限性。

第三，托海神论道，追求真正的逍遥境界。

先秦时期，较为典型的海洋意向是《孔子家语》所载："道不行，乘桴浮于海。"[54]299又有《孟子·离娄上》："伯夷辟纣，居北海之滨"[58]512、"太公辟纣，居东海之滨"[58]513。《孟子·尽心上》所言："舜视弃天下犹弃敝屣也。窃负而逃，遵海滨而处，终身欣然，乐而忘天下。"[58]931在《庄子·让王》的表述中也见有类似记载："以舜之德为未至也。于是夫负妻戴，携子以入于海，终身不反也。"[64]966实际上，对海洋的认知打破了一直以来"晦"、"暗"、广博而神秘、幽暗而危险的认知，取而代之的是"乘桴浮于海""遵海滨而处，……乐而忘天下"的道可行、居忘忧的"世外桃源"般的海洋意向，而"齐景公与晏子游于少海六月不归"，则为这一海洋意向增添了鲜活的实践注脚。由此可见，海洋成为人们渴求获得自由或者避世而居的理想家园。

显然，《庄子》论海中，以鲲鹏扶摇九万里起述，形成了基于人的自由基础上的超越时空的洒落和逍遥，再以海神论道的方式，将这一境界升华至"道"的层面。

《庄子》幻化成人的海神形象的代表是姑射海神，其特点是"肌肤若冰雪，绰约若处子。不食五谷，吸风饮露。乘云气，御飞龙，而游乎四海之外。其神凝，使物不疵疠而年谷熟。吾以是狂而不信也。"[64]28《山海经·东山经》亦载有姑射之山、北姑射之山，其地貌特征是"无草木""多水""多石头"，没有花草树木、多溪流、多嶙峋怪石。《山海经·海内北经》载："列姑射在海河州中。"[61]374此姑射之山在大海的河州上。《山海经》说姑射之山置于大海之中，自然环境恶劣，充斥着流沙、怪石和溪流，《庄子·逍遥游》不再聚焦于姑射之山的地理环境是否恶劣，而是专注于恶劣环境下姑射山神人的超然境界，突出了海上神人不受时空限制、不受物种限制、不受食饮限制、不受自然规律限制的超脱于万物，却又能够"游乎四海之外""使物不疵疠而年谷熟"的无限神技。

这种超然境界还见于《庄子·齐物论》："至人神矣！大泽焚而不能热，河汉沍而不能寒，疾雷破山飘风振海而不能惊。若然者，乘云气，骑日月，而游乎四海之外，死生无变于己，而况利害之端乎！"[64]96所谓"至人"即达到忘我境界、道德修养极高的人，并且这些人已呈现了"神"的特征，表现为：林泽焚烧不能使他感到热，黄河、汉水封冻不能使他感到冷，雷霆劈山破岩、狂风翻江倒海不能使他感到震惊。假如真是这样，便可驾驭云气，骑乘日月，在四海之外遨游，死和生对他自身都没有影响，何况利与害这些微不足道的端绪。

第四，以德行融合万物，才是逍遥境界的根本。

为什么海神会拥有这样超脱万物的神技呢？据《庄子·逍遥游》记载：

> 连叔曰："然。瞽者无以与乎文章之观，聋者无以与乎钟鼓之声。岂唯形骸有聋盲哉？夫知亦有之！是其言也，犹时女也。之人也，之德也，将旁礴万物以为一，世蕲乎乱，孰弊弊焉以天下为事！之人也，物莫之伤，大浸稽天而不溺，大旱金石流土山焦而不热。是其尘垢秕糠，将犹陶铸尧舜者也，孰肯以物为事？"[64]30-31

我们在庄子所虚构的肩吾和连叔等有道之人的牵引下，逐渐将海天之间的逍遥之境引至"道"的层面。连叔感叹肩吾存在思想上的聋盲，原因在于"之人也，之德也，将旁礴万物以为一，世蕲乎乱，孰弊弊焉以天下为事！"也就是将姑射海神的境界上升到了德的层面，其德行可以融合万物，成为治平乱世和为天下事的关键。因此，姑射海神已经超脱了外物的限制，世间如滔天的洪水淹没不了他、可融金石的干旱灼烧不到他，甚至"其尘垢秕糠，将犹陶铸尧舜者"。无疑，姑射海神之所以获得超然的境界，要归功于"之德也，将旁礴万物以为一"，以德糅合磅礴万物，使其顺应自然而达成协和统一。

这样的"道"在庄子的论述中往往依托于大海，呈现其包容万物的特质，如《庄子·知北游》："渊渊乎其若海，魏魏乎其终则复始也。运量万物而不匮。则君子之道，彼其外与！万物皆往资焉而不匮，此其道与！"[64]743变幻莫测的大海和无限运动的万物，均无始无终地包容于"道"中，它使得万物获得无限生机。具体而言，"彼之谓不道之道，此之谓不言之辩，故德总乎道之所一。而言休乎知之所不知，至矣。道之所一者，德不能同也"[64]852。德遵循于道原始浑一的状态，也表现为对道的不同感悟，其最高境界表现为"故海不辞东流，大之至也；圣人并包天地，泽及天下，而不知其谁氏"[64]852，大海不辞向东的流水,成就了博大之最,圣人的德行包容天地,恩泽施及天下百姓,真正做到了"知大备者,无求,无失,无弃,不以物易己也。反己而不穷,循古而不摩,大人之诚"[64]852。因此,由"道"而衍生的真性情就在于不因外物而改变自己的本性。返归自己的本性就会没有穷尽,遵循亘古不变的规律就会没有矫饰。

第五,天地之道和圣人之德的核心是天地人的和谐。

除姑射海神外,《庄子》还记述了"江海之士"和"避世之人",他们"就薮泽,处闲旷,钓鱼闲处,无为而已矣"[64]535。萧统编《文选》中谢灵运《入华子冈是麻源第三谷》李善注引汉淮南王《庄子略要》:"江海之人,山谷之人,轻天下,细万物,而独往者也。"又引晋司马彪注:"独往,任自然,不复顾世也。"[66]体现了庄子主张"虚静、恬淡、寂漠、无为"是"万物之本"的思想。同时《庄子·刻意》对二者的特征进行了辨析:"就薮泽,处闲旷,钓鱼闲处,无为而已矣。此江海之士,避世之人……此道引之士,养形之人,彭祖寿考者之所好也。若夫不刻意而高,无仁义而修,无功名而治,无江海而闲,不道引而寿,无不忘也,无不有也。淡然无极而众美从之。此天地之道,圣人之德也。"[64]535-537由此可见,江海之士和避世之人所显现的天地之道和圣人之德的真谛便是无为而治的境界。

事实上,与姑射海神不同的是,庄子在描述江海之士和避世之人时,不再突出其所处环境的恶劣,也不再专注于对于神迹的描述,而是回归于人和人的思想范畴。在《庄子·天道》中曾言:"夫虚静恬淡寂漠无为者,万物之本也。"[64]457秉承此思想的"江海之士"和"避世之人"便显见于各个阶层。例如"明此以南乡,尧之为君也",是指秉持此思想而居于帝王之位的唐尧,又如"明此以北面,舜之为臣也",是指秉持此思想而居于臣位的虞舜。总体而言,"以此处上,帝王天子之德也;以此处下,玄圣素王之道也。以此退居而闲游江海,山林之士服;以此进为而抚世,则功大名显而天下一也"[64]457-458,无论是处于尊位的帝王将相还是处于卑位的庶民百姓,无论是退居避世的隐士还是积极入世功名彰显的贤士,所凭都是"静而圣,动而王,无为也而尊,朴素而天下莫能与之争美"的天地之道,所追求的都是"夫明白于天地之德者,此之谓大本大宗,与天和者也;所以均调天下,与人和者也。

与人和者,谓之人乐;与天和者,谓之天乐"[64]458。最终,天地之德基于神迹的玄幻,回归于天地无为的根本,归因于均平万物和顺应民情的天地人的和谐。

综上所述,《庄子》心向自然的涉海观,继承前人对海洋广阔而包容的认知,将大海归属于宇宙万物,融于天地之间。《庄子》将以大海为承载力量和生存空间的鲲鹏作为叙述视角,通过鲲鹏横越数千里、扶摇九万里的行动轨迹,来凸显海洋浩瀚广阔的无限性,再以斥鷃等陆生生物为对比,引出时间和空间上的小大之辩,突出因生活环境和个体能力差异而形成的"大知"和"小知"的认知差异。因这认知差异的影响,"大知"便成为天地之道和圣人之德的思想基础,基于大海广阔无限的特质,生成鲲鹏般至"人神"境界的超越自然的神技,最终回归于天地无为的本真,归因于均平万物和顺应民情的天地人的和谐。

三、法家"以海喻政"悟执政规律

《韩非子》是法家学派的代表著作,强调以法治国,为中国封建社会的建立奠定了重要的思想基础。韩非作为法家学派的代表人物,主张刑名法术之学,秉持进化史观,融合法、术、势思想服务于君主专制,其对于海洋的认知也呈现了鲜明的特色。

第一,继承以往"四海"代表广阔疆域的认知,强调治理广阔疆域的意义。

《韩非子·有度》在叙述韩非的法治思想时强调:"先王之所守要,故法省而不侵。独制四海之内,聪智不得用其诈,险躁不得关其佞,奸邪无所依。"[67]36治理四海的关键是"法省而不侵",显然,"四海"代指管辖区域,关注的是四海之内的法治。类似的表述见于《韩非子·扬权》:"四海既藏,道阴见阳。"[67]44乾道本注:四海,四方也。此句强调的是胸中有天下,虚静以待,明察秋毫,按照事物发展的规律治理天下。而明君治理国家的最高境界便是:"故身在深宫之中,而明照四海之内。"[67]101

第二,与儒道两家"以海喻德""以海喻道"不同,《韩非子》强调德是"以海喻政"。

《韩非子》一书中既有治国理政的名篇,又包含了大量的历史典故、民间传说和寓言故事,提到"海"时,往往呈现了以海喻政的鲜明特点。例如,《韩非子·十过》从历史教训中总结君主应该避免的十种过错,其中"七曰离内远游而忽于谏士,则危身之道也"[67]59,引用了齐景公巡海观政一事,借此事突出强调的是颜涿聚的谏言:"君游海而乐之,奈臣有图国者何?君虽乐之,将安得?"[67]72"昔桀杀关龙逢而纣杀王子比干,今君虽杀臣之身以三之可也。臣言为国,非为身也。"[67]73最终,齐景公返回国都,稳定统治。在《韩非子·说林下》中叙述田婴筑城薛地的故事时,以"海大鱼"和"君之海"为喻加以论政,指出"海大鱼"尽管无所畏惧,但离开大海后"蝼蚁得意焉",对于田婴而言"今夫齐,亦君之海也。君长有齐,奚以薛为?"映射出田婴治理齐国和筑城薛地所应秉持的恰当的取舍关系,这正是韩非子以海喻政的核心。事实上,《韩非子·难三》中强调,齐桓公"虽远于海,内必无变"的关键是"明能照远奸而见隐微,必行之令"[67]373,认为君主洞察奸佞、明晰祸患、政令严明通达,才能免除因远游而产生的隐患。

第三,客观公正地看待海洋,明晰"江海不择小助","历心于山海而国家富"的执政规律,最终达到"名成于前""德垂于后"的治政境界。《韩非子·大体》言:"古之全大体者:望天地,观江海,因山谷,日月所照,四时所行,云布风动。"[67]209倡导"守成理,因自然;祸福生乎道法而不出乎爱恶,荣辱之责在乎己而不在乎人"[67]209-210,强调顺应自然界的客观规律和国家的法令制度。顾全大体的人首先要明白"上不天则下不遍覆,心不地则物不毕载"[67]210的道理,更要兼具"太山不立好恶,故能成其高;江海不择小助,故能成其富"的品质,坚信"大人寄形于天地而万物备,历心于山海而国家富"的执政规律,达到"上无忿怒之毒,下无伏怨之患,上下交朴,以道为舍"的治政局面,最终实现"故长利积,大功立,名成于前,德垂于后,治之至也"[67]210的治政境界。

四、管子"负海而王天下"的治国之道

对于《管子》一书的成书年代,学界的共识为"非一人之笔,亦非一时之书"。尽管各篇目的具体作者和成书时间存在较大的分歧,但综合诸家观点,《管子》一书内容复杂,思想丰富,以齐国为中心,崇尚管仲的治国之道和

德法规范,反映了先秦时期法家、儒家、道家、阴阳家、名家、兵家和农家等诸多学派的观点。在这部鸿篇巨制中,可以详见先秦时期海洋观的发展和演变。

第一,以"海内""四海"等代表管辖的辽阔疆域。

据《管子·幼官》载:"守之而后修,胜心焚海内。"[68]177因能守仁义威德而后举兵获胜,进而使海内诚服并掌控天下;《管子·宙合》载:"王施而无私,则海内来宾矣。"[68]211大德治下则四海宾服,真正实现"宙合之意"的关键在于"上通于天之上,下泉于地之下,外出于四海之外"[68]235-236,合拢天地,通过"本乎无妄之治,运乎无方之事,应变不失之谓当"[68]236,进而真正达到宙合之境。因此,"海内""四海"代表了辽阔的疆域,体现了先秦时期对海洋认知的共性,但"海内""四海"从服于包罗万物的"宙合",成为《管子》论证大道、大德的前提。

第二,经略海洋要有度,并从属于农事耕耘。

《管子·八观》强调"行其田野,视其耕芸,计其农事,而饥饱之国可以知也"[68]258,巡视一个国家的田野,看它耕耘的情况,核计它的农业生产,便可以了解这个国家百姓的饥饿情况。对于"有地君国"而言,"不务耕耘,寄生之君也",便失去了统治的根基,沦为附庸之国。当然,在《管子·八观》中确实提到了对于海洋的经略:"山林虽广,草木虽美,禁发必有时;国虽充盈,金玉虽多,宫室必有度;江海虽广,池泽虽博,鱼鳖虽多,网罟必有正。"[68]261无论是对于山林的开发、宫室的建筑,还是对于江海物产的打捞,均要把握一定的限度,原因是"先王之禁山泽之作者,博民于生谷也"[68]261,鼓励百姓专事土地种植和粮食生产。

第三,以"海"为屏障,是齐国成就霸业的基础。

《管子·小匡》在叙述管仲辅佐齐桓公成就霸业的政见时,桓公数次询问管仲"吾欲从事于诸侯,其可乎?"[68]423管仲分别从政事、甲兵、内政、外交等方面,规劝和辅助齐桓公来完善统治,正确处理南征、西伐和北伐中与鲁国、卫国和燕国的关系,实现"使海于有獘,渠弥于有渚,纲山于有牢"[68]424,即以大海作为屏障、以小海为外围、以环山为城墙,使得齐国的疆域达到"地南至于岱阴,西至于济,北至于海,东至于纪随,地方三百六十里"[68]424,奠定了齐桓公"兵车之会六,乘车之会三,九合诸侯,一匡天下"[68]425的疆域基础。

第四,以"海"代表边远的国家。

《管子·霸言》在成就霸业时,处理国与国之间的关系时强调:"夫国小大有谋,强弱有形服近而强远,王国之形也。合小以攻大,敌国之形也。以负海攻负海,中国之形也。"[68]479其中"以负海攻负海",尹知章云:"谓以蛮夷攻蛮夷。蛮夷负海以为固,故曰负海。"相对于"中国之形"而言,"负海"指代的是中国之外临海的边远区域。因此,成就霸业要"正四海者",要"等列诸侯,宾属四海"。以此为基础,"四海"广泛运用于对疆域领土的统辖和管理,这也是先秦时期海洋认知的重要特点。

第五,对海洋的认知既保有海洋博大包容的本性,又彰显海洋本体之道的柔和、润泽。

《管子·形势解》言:"海不辞水,故能成其大。"[68]1178海水不拒绝任何水源,点滴的积累才能成就海洋自身的博大。管仲在论水时列举了万流归海的各类水源:"水有大小,又有远近,水之出于山而流入于海者,命曰经水。水别于他水,入于大水及海者,命曰枝水。山之沟,一有水,一毋水者,命曰谷水。水之出于他水,沟流于大水及海者,命曰川水。出地而不流者,命曰渊水。"[68]1054《管子·度地》是对古代治水经验的总结,顺势利导而杜绝水害,最终实现万流归海。基于对海洋的客观认知,管仲以海上航行来比喻对国家的治理:"夫善用本者,若以身济于大海,观风之所起,天下高则高,天下下则下,天高我下,则财利税于天下矣。"[68]1368治理国家就如同海上航船,要实时观察风向的变化,生动形象地说明对天下利益(尤其是粮价)涨与跌的掌控,直接关系到国家利益和百姓生活,因此,浮浮沉沉间要统筹全局,顺应天下财利税的运行规律。

《管子·内业》主要论述内心之精、道的特性和意义。开篇明言:"凡物之精,此则为生,下生五谷,上为列星。流于天地之间,谓之鬼神,藏于胸中,谓之圣人。"[68]931精、气指万物和生命的本源,它在下生长于五谷之间,在上位列于星辰之间,流动于天地之间,蕴藏于圣人胸中,又以"杲乎如登于天,杳乎如入于渊,淖乎如在于海,卒乎如在于己"[68]931四种形态展现于万物面前。关于"淖乎如在于海"的特征，房玄龄注："淖，汋润也。"[68]931《管子·水地》："夫水，淖弱以清。"[68]813因此，海所显现的精气特征便是柔和、润泽，浸润于道德，安定而宁静。

第六，经略海洋的目的和方式——官山海"以负海之利而王其业"。

如前文所述，先秦时期的海洋实践随着生产技术和航海技术的进步，逐渐呈现出趋利性的特征，这也是先秦海洋观念不断发展演变的重要表现。《管子·禁藏》强调："其商人通贾，倍道兼行，夜以续日，千里而不远者，利在前也。渔人之入海，海深万仞，就彼逆流，乘危百里，宿夜不出者，利在水也。"[68]1015管仲强调人的本性都是趋利避害的，例如商人做生意夜以继日、不远万里地追求利益，同样，渔人下海，纵使深海万仞，也要逆流而上，冒险航行至百里外的深海，昼夜不停地漂泊于波涛之中，根本原因便是追逐海水中的利益。这实际上形象地指出了人们经略海洋的重要目的已经不仅仅是为了满足生存的需要，如商人一样获取利益，即趋利性已经成为中国古代海洋观念中的重要体现。然而，《管子》作为先秦治国理政思想的集大成者，对于海洋的认知和实践不仅仅局限于个人行为，其中齐国"负海潟卤"恶劣地理环境引发的生存问题和实践经验不断深化了先秦海洋观的内涵。

齐国僻处东海一隅，临海而生、遍布沼泽、土地盐碱化的地理环境，使其不利于农作物生长，农业生产能力低下，却继承了沿海东夷部族临海而居的生活习俗和近海而生的实践经验。春秋时期，齐国"地南至于岱阴，西至于济，北至于海，东至于纪随，地方三百六十里"[68]424，北部濒临渤海、东部濒临黄海，拥有漫长的海岸线。《管子·轻重丁》托管子之言叙述了齐国的疆域特点："阴雍长城之地，其于齐国三分之一，非谷之所生也。泲龙夏，其于齐国四分之一也，朝夕外之，所墇齐地者五分之一，非谷之所生也。然则吾非托食之主耶？"[68]1500《管子轻重篇新诠》中元材案："谓除阴雍长城占地三分之一，海庄龙夏占地四分之一外，此为包绕其外之潮汐所遮盖者又居齐地五分之一也。此三地者皆不能生产五谷。"[69]677这是说，齐国大部分领土不能种植农作物，百姓不能从事农业生产，如此的疆域特点和生存环境，成为齐国统治者和百姓经略海洋的现实基础。

据《史记·太公世家》记载："太公望吕尚者，东海上人。"《集解》引《吕氏春秋》言："东夷之人。"[20]1477西周封齐,姜太公"因其俗,简其礼",顺应当地的风俗,借鉴东夷之人经略海洋的实践经验和生活习俗,又"通商工之业,便渔盐之利",奠定了齐国日益强大的经济基础。事实上,齐地百姓临海而居,逐渐积累了有效的开发海洋的生活经验。例如,"西方之氓者,带济负河,菹泽之萌也,猎渔取薪蒸而为食"[68]1474;"东方之萌,带山负海,苦处,上断福渔猎之萌也,治葛缕而为食"[68]1474;"北方之萌者,衍处负海,煮沸为盐,梁济取鱼之萌也,薪食"[68]1475。根据四地调研结果来看,除去南方内陆区域,齐国西方济水四周,邻近海洋、草野之地的百姓,主要以渔猎砍柴为生;东方居山靠海的百姓,地处山谷,上山伐木,主要以渔猎和纺织葛藤粗线为生;北方居住在水泽一带和海洋邻近的百姓,主要以煮盐或渔猎砍柴为生。以上,齐国统治者和齐地百姓对海洋的开发和利用,成为齐国"官山海"经济政策的实践基础,而"官山海"正是先秦时期海洋观获得进一步发展的具体体现。

　　"官山海"见于《管子·海王篇》,齐桓公企图通过征收房屋、树木、六畜和人头税的方式来治理国家,管仲一一否定之后,齐桓公感慨:"然则吾何以为国?"管子对曰:"唯官山海为可耳。"桓公曰:"何谓官山海?"管子对曰:"海王之国,谨正盐策。"[68]1246管仲明确告知齐桓公可以凭借临近海洋的优势来达到其王霸之业的目的,显然,依靠大海之利而成就霸业的关键便是注重盐税征收政策的实施。《管子·海王篇》属于税收方面的轻重之术,《史记·平准书》叙述:"齐桓公用管仲之谋,通轻重之权,徼山海之业,以朝诸侯。"[20]1442《管子轻重篇新诠》解:"山海二字,乃汉人言财政经济者通用术语。《盐铁论》中即有十七见之多。本篇中屡以'山、海'并称。又前半言盐、后半言铁。盐者海所出、铁者山所出。"[69]188

　　尽管管仲"官山海"政策的运行未详见于先秦文献典籍,但结合汉代典籍的记载和齐国临海的地理优势可知,齐国盐业的发达是有目共睹的。在先秦两汉的文献中,对于齐国盐业的记载较为常见,例如《禹贡》《逸周书》《左传》《国语》《战国策》《周礼》《管子》《史记》《汉书》等文献中提及了"北海之盐""青州贡盐""幽州鱼盐""渠展之盐""齐国鱼盐之地三百(里或处)""齐之海隅鱼盐之地""东莱鱼盐"等,指的就是齐国临海、沿海的产盐区域。在《左传·昭公二十年》《战国策·齐策一》《管子·轻重篇》等文献中又明确叙述了齐国的产盐之地、生产规模、煮盐方法、盐业生产和盐业政策等内容。近年来,考古学界对东周时期齐国制盐聚落群试掘、发掘收获颇丰,在研究齐国盐业聚落的分布规律、规模、构成、功能区划,盐井、盐灶、生活用淡水井、生活用灶、陶窑、生产与生活堆积以及煮盐陶器特征等方面[70],均取得了新的研究成果,有效地证明了齐国盐业的蓬勃发展,为秦汉以来盐业的进一步发展和大规模的盐铁官营奠定基础。

综上所述,盐业生产作为经略海洋的重要内容,也使得人们对于海洋的认知被赋予了鲜明的经济属性,管子在此基础上生成的"官山海"思想又使得经略海洋的实践服务于王权霸业,带有了鲜明的政治色彩,成为历代统治者"王天下"的重要政策。

第四章　先秦海洋观的核心内容

先秦时期海洋文明的孕育和发展,基于早期人类对于海洋广袤无垠的特质的探索,基于早期渔猎文明、半渔猎半农业文明到农业文明的发展,构成了先秦海洋观稳定的时空条件。当然,先秦海洋观的形成和发展必然以早期人类经略海洋的实践为基础。从考古发掘中所见的贝类遗存、渔猎工具、饮食结构、丧葬风俗和交通工具等可知,先秦时期先民探索海洋、征服海洋的实践不仅关系到生存、生产方式,更关系到人们认知海洋的日渐成熟,基于此而形成了先秦诸子对于海洋认知和理解的不断深化,为先秦海洋观的形成夯实厚重的思想基础。综合前文所述,先秦海洋观的核心内容主要体现在海疆意识、海权意识、海政思想、海商思想、海洋审美和原始的自然生态保护意识等众多方面,既源于日积月累的海洋实践,又源于圣人先哲们对于海洋认知的继承、发展和弘扬。

一、从典型的疆域概念中看先秦时期的海疆意识①

先秦时期"天下"是非常重要的疆域概念,带有鲜明的政治属性,同时,它与"海表""四海"等概念形成对应,是先秦时期常见的区域表述习惯,这一点在文献典籍中已得到充分印证。但需要指出的是,与"天下"对应的"海表""四海"等概念又呈现出了各自鲜明特点,成为认识和理解先秦海洋观念的重要内容。

(一)"天下"是先秦海洋认知的政治前提

据文献资料记载,对"天下"概念的运用主要是基于对其政治属性的认知,这一特点也成为先秦时期海洋观念形成的政治前提。

---

① 此文章于 2022 年 11 月 22 日发表于《中国社会科学报》A07 版,进行了部分修改,原题名为《从疆域概念看先秦时期的海洋观念》。

第一，"天下"泛指对广阔疆域的统治。在《尚书·洪范》"皇极"章中，箕子在阐述君王统治之道的准则后总结："曰天子作民父母，以为天下王。"[5]1163 而"皇极"的根本目的就在于王"天下"。这一点在《墨子·尚同下》中也有体现："治天下之国若治一家，使天下之民若使一夫。"[71]96 这一思想和"天下"一词又常见于先秦文献，如《左传》《国语》《礼记》《管子》《孟子》《韩非子》等的史实、礼典和政论中，说明至战国时期，"天下"概念已经深入人心，王"天下"也成为统治者治政的关键。

第二，"天下"指叙述者口中所追述的或者是记录者笔下所记载的远古社会，这一表达仍是建立在"天下"代表广阔疆域的核心含义之上。例如《左传·文公十八年》中，季文子论莒仆史追忆昔高阳氏、高辛氏时期的八恺、八元为"天下之民"所拥戴，追忆帝鸿氏、少皞氏、颛顼、缙云氏时专门提到被"天下之民"称为浑敦、穷奇、梼杌、饕餮的四凶之族，最终"是以尧崩而天下如一"，而"同心戴舜，以为天子"的原因实是遵从了"天下之民"的选择："以其举十六相，去四凶也。"[59]642 从这一组论述中可见，季文子在追述大禹之前的上古时代时便连续使用了"天下之民"的概念，说明至少自春秋以来，以"天下"或"天下百姓"一词代指统辖范围及其管辖下的百姓已经是常见的表达方式。

第三，"天下"外及至海。如前文所述，在先秦时期"天下"代表了对广阔疆域的统治，关于其边界延及何处的问题，学者们也有所论述。例如汉代郑玄注《礼记·曲礼》"君天下曰天子"言："天下，谓外及四海也。"[72]126 而司马迁《史记·五帝本纪》在追述传说时代时不仅使用"天下"概念，还进一步强调天下是"日月所照，风雨所至"[20]14，突出强调了"天下"所辖范围无限广大的特点，这里的"天下"自然也包括了受日月照射和风雨洗礼的广阔海洋。

综上所述，在"天下"观念的影响下，形成了先秦海洋观念最鲜明的特征，即以"天下"为核心、向"天下"而生的海洋观念，海洋被认为是围绕天下的无限广大的非陆地区域。

（二）"海表"指大范围较笼统的偏远之地

在《尚书·立政》篇中，周公在陈述设官理政的意义时强调："今文子文孙，孺子王矣。其勿误于庶狱，惟有司之牧夫。其克诘尔戎兵，以陟禹之迹，方行天下,至于海表,罔有不服。以觐文王之耿光,以扬武王之大烈。"[6]477《立政》篇是研究周初官制和政治制度的重要史料,在这段总结性论述中,便提到了"天下"和"海表"两个重要概念,据孙星衍疏:"溥行天下至于海外,无有不服。"显然,从区域方位来讲,至少在秦汉之际,人们在论述"天下"与"海表"的关系时是将二者分立而论的,"天下"已然代表了广大的政治管辖区域,"海表"则是"天下"之外的偏远之地,周公寄希望于成王,通过立政建制实现周朝对"天下"和"海表"的统治,说明"海表"代表了包括海洋在内的大范围笼统的区域概念,"海表"之外则属变幻莫测的世界。

(三)"滨"明确"天下"和"海表"间的边界

"天下"已成为先秦时期普遍使用的疆域概念,"海表"与"天下"对应,两者结合将周天子的统治区域由陆地疆域延展至陆地之外包括海洋在内的变幻莫测的世界。那么,陆地与海洋之间的边界又是如何表述的呢?

事实上,对于"天下"疆域最典型的表述见于《诗经·小雅·北山》:"溥天之下,莫非王土;率土之滨,莫非王臣。"[25]315尽管未直接使用"天下"一词,但"溥天之下"确实是强调了天子辖下无比广阔的疆域范围。这里值得注意的是在"溥天之下"和"率土之滨"的对称表达中"滨"的含义,据朱熹《诗集传》言:"滨,涯也。"类似含义还见于《尚书·禹贡》:"厥土白填,海滨广斥。"[5]573以及《庄子·天地》:"谆芒将东之大壑,适遇苑风于东海之滨。"[64]439那么"滨"所指代的便是临近水的地方,同时带有边缘和边界的含义。因此,"溥天之下,莫非王土;率土之滨,莫非王臣"所说的普天之下的王土,其边缘便是王土近水之地,也就是说,在先秦海洋认知中"滨"是居于"天下"和"海表"间的陆地区域。

(四)"裨海"和"大瀛海"显现对近海和深海的认知

清人王先谦在其《庄子集释·序》中复述了邹衍的观点:"儒者所谓中国,于天下乃八十一分居其一分耳。赤县神州外自有九州,裨海环之,大瀛海环其外。"[64]1汉王充《论衡·谈天》同解:"《禹贡》九州,方今天下九州也……每一州者四海环之,名曰裨海。九州之外,更有瀛海。"[73]473-474二者共同描述了对中国和九州的疆域认知:中国是天下中心,其外为九州,被裨海环绕,九州裨海之外是大瀛海,之后到达茫茫天地之际。这里出现了"裨海"和"大瀛海"两个概念,对这两个概念的阐释还见于《史记·孟子荀卿列传》:"中国外如赤县神州者九,乃所谓九州也。于是有裨海环之。"[20]2344司马贞索隐:"裨音脾。裨海,小海也。九州之外,更有大瀛海,故知此裨是小海也。且将有裨将,裨是小义也。"[20]2345由此可知,在天下九州的疆域之上,人们对海的认知已经有了小海和大海的区别,这两个概念在向"天下"而生的基础上,环绕"九州"而行,九州界内裨海环绕,九州之外是茫茫大海。

除上述释读外,类似记载还见于《国语·齐语》。桓公问管子西伐事宜时,管子对曰:"以卫为主。反其侵地台、原姑与漆里,使海于有蔽,渠弭于有渚,环山于有牢。"[51]231东汉经学家贾逵将"渠弭于有渚"之"渠弭"释读为"裨海也",此句"渠弭于有渚"便是指裨海间的小岛,也可以理解成是近海或沿海区域内的小岛。综上所述,早在秦汉时期"裨海"和"大瀛海"便清晰地展示了人们对近海和深海的认知。

(五)"四海"——凸显海的边界意义和政治意义

"四海"一词更常见于文献记载,其主要含义多指相对于"天下"或天地之外的区域。不过详细梳理"四海"之含义,仍呈现如下不同:

第一,"四海"指环绕天下九州的海洋。据《孟子·告子下》载:"禹之治水,水之道也,是故禹以四海为壑。"[58]859事实上,在文献资料中已进一步清晰地表达了中国四境有海环绕的特点,如前文引用的汉王充《论衡·谈天》同解:"《禹贡》九州,方今天下九州也……每一州者四海环之,名曰裨海。九州之外,更有瀛海。"[73]473-474综合看来,先秦时期对于"四海"的论述往往是建立在对"海"的理解之上。据《说文解字》记载:"海,天池也,以纳百川者。"[74]545突出海的广阔与包容性,"四海"环绕九州,便是把广阔无垠的海洋明确以相应的方位,九州之外是四海,即裨海,四海之外是瀛海,突出了人们对于天下之外四境之海的基本认知。

第二,"四海"代表最广泛的疆域范围。例如《诗经·商颂》所载:"邦畿千里,维民所止,肇域彼四海。"[25]528又如《尚书·大禹谟》所言,大禹"皇天眷命,奄有四海,为天下君"[75]87,又言"文命敷于四海,祗承于帝"[75]86。《史记·高祖本纪》记载:"大王起微细,诛暴逆,平定四海,有功者辄裂地而封王侯。"[20]379由此可见,此处"四海"是基于海广阔博大的基本含义,不再专指辽阔的海洋,而是用来表示广泛的土地范围或者最辽阔的疆域范围。不仅如此,在众多文献资料中均以东海、西海、南海和北海来明确四海的方位,例如《礼记·祭义》记载:"推而放诸东海而准,推而放诸西海而准。推而放诸南海而准,推而放诸北海而准。"[72]1227以此形容孝之德是放诸四海而皆准的品性。又如《荀子·王制》记载:"北海则有走马吠犬焉,然而中国得而畜使之。南海则有羽翮、齿革、曾青、丹干焉,然而中国得而财之。东海则有紫紶、鱼盐焉,然而中国得而衣食之。西海则有皮革、文旄焉,然而中国得而用之。"[63]162从四海所供给之物来看,北海、南海、东海和西海并不一定要到达海洋,更倾向于指代荒晦绝远之地。

基于上述含义,"四海"被还用来特指天下的边界。诚如《荀子·儒效篇》所载:"此若义信乎人矣,通于四海,则天下应之如谨。"[63]120而《列子·周穆王》中又言:"四海之齐谓中央之国。"[76]104即四海的中心是中国。另据《礼记·王制》载:"凡四海之内九州。"[72]339中国之外、四海之内是九州。可见,在天下九州和四境之海的中间还存在着一个特定区域被视为天下的边界,这一边界便被称为"四海"。文献记载中又常见"四海之内"和"四海之外"的记载,也可以辅证这一点。例如《荀子·王制篇》云:"通流财物粟米,无有滞留,使相归移也,四海之内若一家。"[63]121又如《管子·宙合》载:"宙合之意,上通于天之上,下泉于地之下,外出于四海之外,合络天地,以为一裹。"[68]235-236可以说,在"四海之内"和"四海之外"存在的"四海"确实被赋予了介于陆地和海洋之间边界的含义。

"四海"特指少数民族。据《尔雅·释地》记载:"九夷、八狄、七戎、六蛮,谓之四海。"[55]42《尚书正义》:"方行天下,至于海表,罔有不服。"释云:"蛮夷戎狄,无有不服化者。"[6]477我们已知"海表"代表了包括海洋在内的大范围笼统的区域概念,在这片区域里,"四海"被用于特指少数民族及其活动区域。其后《史记·五帝本纪》中又进一步拓展"四海"所指代的区域及所属群体:"南抚交阯、北发;西戎、析枝、渠廋、氐、羌,北山戎、发、息慎,东长、鸟(岛)夷,四海之内咸戴帝舜之功。"[20]43显然"四海之内"容纳了东、南、西、北四个区域内拥戴帝舜统治的少数民族聚居区。

综上所述,在先秦海洋观念中蕴含着丰富的地域概念,对海洋的认知首先呈现的是向"中国"和"天下"而生的特点。在"海表"所涵盖的广阔的区域范围里,"四海"之内是裨海环绕的九州,"四海"之外是茫茫的天地之际,代表统治者最辽阔的疆域,然而在长期的沟通交流的历史进程中,居于"四海"的少数民族却呈现了以"中国"为中心,由周边向中心的多民族融合的特征,使得先秦时期海洋观念带有了鲜明的古代的国家认同观。

二、以征服控制为主题的海权意识

先秦海洋观念中海权意识的形成是基于对海洋的认知、对辽阔海疆的征服和经略海洋的实践,在这些从认知到实践的海上活动中呈现出了鲜明的海权意识。换言之,先秦时期海权意识的生成往往来源于先民丰富多彩的海上活动,而植入内心的海权意识进一步推动着人民去探索海洋、征服海洋。

(一)海上活动孕育海权意识

当探源上古先民的海洋活动时,北京周口店山顶洞遗址中磨去壳顶的海生贝壳,成为远古人类探索海洋的重要证据。山顶洞遗址出现海蚶贝壳,可能反映了远古时期北京临海的地质特点,也可能反映了旧石器晚期距今约30000年的山顶洞人已经行走至海,还可能反映了山顶洞人是通过物物交换的方式获得了海蚶贝壳。无论是哪种可能性,都可以推测出山顶洞人,或是与山顶洞人临近的族群,或是与山顶洞人同时期的临海族群,出现了临海采撷或物物交换的生产生活方式,这为我们留下了旧石器晚期先民们"涉海"的证据。

从文献记载和考古发掘来看,先秦时期海权意识萌芽到发展主要依存于以航海为核心的海上活动。在前文《从交通运输看早期人类的海洋实践》一节中,较为详细地梳理了石器时期先民以舟船征服海洋的文献资料和出土文物,展现了先民们经略海洋的事实。

梳理与涉海相关的文献资料记载,可知早期先民的海上探索活动走过了从徒涉、游泳到乘筏、泛舟再到驾船远航的历程,随着经略海洋能力的一步步增强,先民也逐渐形成了以征服海洋为主题的海权意识。《周易》中见"利涉大川"16处、"不利涉大川"2处、"用涉大川"1处、"不可涉大川"1处。

《尚书·盘庚中》又记:"盘庚作,惟涉河以民迁,乃话民之弗率。"[5]901《诗经·郑风·褰裳》言:"子惠思我,褰裳涉溱。"[25]119这些记载表明在舟船尚不发达的时期,先民主要通过徒步的方式涉水。《易·系辞下》中,伏羲氏"刳木为舟,剡木为楫,舟楫之利,以济不通"[48]628,叙述早期先民凭"舟楫之利"探索海洋的活动,而"舟楫之利"的经验来自人们日积月累的涉海技艺,如《淮南子·说山训》谓:"见竅木漂而知为舟。"[49]1133《世本》谓:"古者观落叶因以为舟。"[50]9《物原》载:"燧人氏以匏济水,伏羲氏始乘桴。"[44]32《国语·齐语》云:"方舟设泭(桴),乘桴济河。"[51]234这些记载从不同层面叙述了早期先民观叶为舟、观木知舟和乘筏出海的涉海实践。

随着考古工作的开展,有关先秦时期先民"涉海"的文物陆续出土。从距今约8000年前浙江宁波余姚井头山贝丘遗址中的木桨到年龄约为7600到7700岁的浙江萧山跨湖桥独木舟和木桨,从距今约7000年的河姆渡木桨和陶舟到距今约4000年浙江吴兴钱山漾遗址中的木桨,证明了先民舟船制造能技术的不断发展和远洋航行能力的不断增强。

在中国古代航海事业上做出突出贡献的两大族群是"龙山人"和"百越人",龙山文物中的石锛与百越文物中的有段石锛,经考古专家的调查和鉴定,被认为是加工独木舟的专用工具[77]13-14。"龙山人"主要分布于黄河中下游的山东、河南、山西、陕西等省,"百越人"主要分布在今江苏、浙江、福建、广东、台湾等地,他们作为长期生息在沿海地区乘舟弄潮的先民,带着对海洋的敬畏跻身于早期远洋航行的实践中。"龙山人"带着龙山文化的器物和民俗,从山东半岛漂过黄海和渤海,传播到辽东半岛各地,甚至远航至朝鲜、日本、太平洋东岸和北美阿拉斯加等地。"百越人"将百越文化特型器物——印纹陶器和有段石锛,传播到沿海各地,而这些器物又发现于太平洋上的菲律宾、苏拉威西、北婆罗洲、夏威夷、马奎萨斯、社会岛、库克群岛、奥斯突拉尔、塔希地岛、查森姆岛、新西兰、复活节岛、南美洲的厄瓜多尔等地[78]。上述史实证明,早在远古时期沿海先民便已经掌握了较为熟练的造船技术,并在长期航行实践中拥有了征服海洋的自信,这份自信又化成了跨海而行的意识,既宣示了对于海洋的主宰又凝成了踞海而行的决心。

（二）对辽阔海疆的征服体现海权意识

如前文所述，"四海"代表最广泛的疆域范围。无论《禹贡》所云的"四海会同"[5]807，还是《尚书·大禹谟》所载大禹"皇天眷命，奄有四海，为天下君"[75]87，又言"文命敷于四海，祗承于帝"[75]86；无论是《诗经·商颂》所载："邦畿千里，维民所止，肇域彼四海"[22]528，还是春秋战国时期文献典籍对于"海内""四海""四海之内"和"四海之外"概念的使用，均表明了先秦时期对于包括海域在内广阔疆域的征服，表明皇天眷顾、王权之下负有四海的海权意识的形成。随着信史、礼书、子集等文献对于东海、西海、南海、北海疆域概念的频繁使用和论证，文献考证和考古研究对于"四海"地理位置逐渐明晰，即东海包括了今天的渤海、黄海和东海，南海指今天的南海，北海或为渤海。至西汉时期《史记·高祖本纪》载："大王起微细，诛暴逆，平定四海，有功者辄裂地而封王侯。"[20]379说明先秦时期海权意识已经十分清晰。

（三）舟船管理体现王权对海洋的主宰

如前文所述，南北方滨海民族的探索，显现了人们主宰海洋的能力。早期先民无论在航海技术还是航海经验上均获得长足发展，在与内陆和海外的交流中开启了民族融合、文化交流之路。夏商周以来，随着王权主宰下对辽阔海域的统辖，"四海""四海之内""海内"等海域概念被赋予了政治色彩，带有了广义范围内的海权意识。

在这一基础上，考古资料和文献资料对于海洋活动的记载便呈现了一定的王权或政治色彩。例如夏代"浇荡舟"，帝杼东征于海收服东夷部落，帝芒"东狩于海，获大鱼"，殷商甲骨中的"舟"既代表擅长制造木舟的部落，又书写了一段武丁伐舟的历程。同时，殷墟遗址曾发现鲸骨，学者在考察报告中指出："小屯时代的殷人……捕东海之鲸。"[78]这些记载突出的或是帝王的神迹，或是征伐的疆域、殷都遗存的珍奇，均呈现了王权对于海洋的主宰。

《礼记·月令》记载了天子祈蚕之祀主于先帝，"是月也，天子乃荐鞠衣于先帝。命舟牧覆舟，五覆五反。乃告'舟备具'于天子焉，天子始乘舟，荐鲔于寝庙，乃为麦祈实"。其中关键环节是"命舟牧覆舟，五覆五反"，这是天子完成祈蚕之祀的前提，而"舟牧"一职就是"主舟之官"，具体职责为"覆之以视其底，又反之以视其面，反覆视之，以至于五，恐其有穿漏也。乘舟本危事,而至尊所御,故其慎之如此"[72]431。此段记载可以说明两个问题:一是此时已经形成了一套较为完整的舟船管理制度,有专门的管理机构负责舟船安全的检查事宜,保证御舟船出海的安全;二是"天子乘舟,以示亲渔",渔业活动和舟船航运得到高度重视和普遍推广,并纳入国家管理制度中加以系统化管理。

(四)舟师之战展现海权雄心

一般而言,海权可概括为开发利用海洋和管控海洋的能力。夏商周以来,临海邦国主控海洋,成为其成就霸业的根基,而强大的水师,以及由水师主导的海战则成为体现海洋管控能力的核心内容。

独木舟的考古发现,证明了先民搏击海洋的能力,同时也引起了人们对于水战的思考,无论是内河水域还是四海之上,驭舟而战都是对内河或海疆确权的一种表现。《论语》载:"羿善射,奡荡舟。"[53]952羿为古代有穷国之君,善射。羿取代夏后相,篡位自立,最终被其臣寒浞篡位,杀而代之。奡即"浇",寒浞之子,善荡舟。据《竹书纪年》载:"浇伐斟鄩,大战于潍,覆其舟,灭之。"[79]荡舟即覆舟,指浇力大能荡覆敌舟。屈原《天问》慨叹:"汤谋易旅,何以厚之?覆舟斟鄩,何道取之?"[80]61这一段记载被誉为是"乘舟"水战的鼻祖,作战地点为潍河,作战手段为"覆其舟",作战结果是灭斟鄩国,而楚屈原《天问》所感慨的"汤谋易旅",便有可能是浇所调遣的舟船部队。

记载春秋战国史实的重要文献典籍《春秋》《左传》《国语》《管子》等便多次出现了对水运、水军和水战的记载。

据《管子·轻重甲》记载:"管子有扶身之士五万人。"[68]1417安井衡云:"扶读为浮。"孙诒让云:"'扶身之士'难通,疑'身'为'舟'之误。上文'大舟之都'伪作为'大身,可证'。"[68]1419"扶舟之士"是指善于水战和游泳的兵士,由此可以推测齐国鼎盛时期的水师规模是十分庞大的,至齐景公巡海而行,也势必有水师保驾护航。

春秋战国时期"以船为车,以楫为马"是荆楚吴越的习俗,在楚、吴、越三国之间爆发开疆拓土的战争,必然有水战和水师间的角逐。

据《越绝书》记载:"句践伐吴,霸关东,徙琅琊,起观台,台周七里,以望东海。"[81]163显现了勾践御海而征的雄心壮志。越王慨叹:"水行而山处,以船为车,以楫为马,往若飘风,去则难从。"[81]163在叙述越王集聚势力的进程时提到"初徙琅琊,使楼船卒二千八百人伐松柏以为桴"[81]182,说明在吴越争霸的过程中,越王勾践秉承越人善于行水造船、驭船航海的优势,为成就霸业奠定基础。水师作战的场景见于战国时期出土的铜鉴(1935年河南省汲县山彪镇一号墓出土)和铜壶(故宫博物院藏宴乐渔猎耕战纹铜壶),其上的战船纹生动地反映了战国时期战船的形象,说明此时已经开启了对多种战船形制和技术的综合运用,以满足作战中攻坚、驱逐、冲锋的不同需求。

图4-1 战国铜鉴的战船纹[46]50

图4-2 传世的宴乐渔猎耕战纹铜壶的拓本[46]51

此外,文献中还有多处关于"楚自为舟师"的记载,体现水师作战在霸业斗争中发挥着不可或缺的重要作用。

鲁昭公十七年,"吴伐楚。阳匄为令尹,卜战,不吉。司马子鱼曰:'我得上流,何故不吉?且楚故,司马令龟,我请改卜。'令曰:'鲂也以其属死之,楚师继之,尚大克之!'吉。战于长岸,子鱼先死,楚师继之,大败吴师,获其乘舟余皇"[59]1392。此为历史上著名的长岸之战,这场战争由吴国水师发起进攻，双方战于长岸，即现在的安徽当涂博望山江岸，吴师被打败，吴公子光所乘艅艎大船也为楚人所夺。楚师"使随人与后至者守之：环而堑之，及泉，盈其隧炭，陈以待命"[59]1392。楚师为了防止吴人窃取艅艎，将其移至岸边，四周挖深沟，灌入泉水，深沟出入口填入炭，围阵以待吴人。"吴公子光请于其众，曰：'丧先王之乘舟，岂唯光之罪？众亦有焉。请藉取之以救死！'众许之。使长鬣者三人潜伏于舟侧，曰：'我呼（余）皇，则对。师夜从之！'三呼，皆迭对。楚人从而杀之。楚师乱，吴人大败之，取余皇以归"[59]1393。"余皇"即"艅艎"，吴国战舰名，吴国先王所乘之船，也是中国历史上第一次出现的战舰，吴楚之间的这一次对决，实际上就是针对"余皇"的争夺。

　　然而，吴楚之间的水师之战并未结束。据《左传·襄公二十四年》载，夏"楚子为舟师以伐吴，不为军政，无功而还。……吴人为楚舟师之役故，召舒鸠人，舒鸠人叛楚"[59]1092。《左传·襄公二十四五》记载："十二月，吴子诸樊伐楚，以报舟师之役。……卒。"[59]1108杜预注："舟师，水军。"楚康王以水军伐吴，因赏罚不明无功而返，为报复楚国的舟师之役，半年后吴国伐楚，最终以吴子诸樊被射杀而告终，但吴楚之间十几年的水战序幕就此展开。鲁昭公十九年夏，"楚子为舟师以伐濮"[59]1402；鲁昭公二十七年春，吴楚相抗，楚"令尹子常以舟师及沙汭而还"[59]1483；鲁定公六年"吴大子终累败楚舟师"[59]1557，同年"吴师入郢"标志着吴楚争霸以吴国获胜而告终，有力地证明了"吴人以舟楫为舆马，以巨海为夷庚"所展现出的强大的水师作战能力，它来自吴国一直以来所拥有的获取海洋资源和管控海洋的能力，也就是现代而言的"海权"。

　　事实上，春秋晚期，吴、楚、齐、越等沿海邦国均具有了强大的管控海洋的能力，集中表现为各国舟师活跃于历史舞台。吴楚舟师外，还包括鲁哀公十年春，吴"徐承帅舟师将自海入齐，齐人败之，吴师乃还"[59]1656；《吴越春秋·勾践伐吴外传》载，越王勾践"乃发习流二千人，俊士四万，君子六千，诸御千人"[82]135以伐吴，其中"习流"即"习水战之兵"。其中公元前485年，即鲁哀公十年的吴齐黄海海战，被誉为是中国历史上最早的海战。吴王夫差联合鲁、邾、郯等国北上"伐齐南鄙，师于鄎"，另派大夫徐承率吴"舟师"从海路伐齐。吴国远航奔袭伐齐的自信无疑来自其西破楚、南降越的内河舟师作战的经验,却忽视了齐国成就其"海王之国"的基础便是其强大的掌控海洋的能力,最终以齐国胜利而告终。

(五)登台望海确认海权

"琅邪台"之"台"是指筑土很高的一种四方高坛。《山海经·海内东经》:"琅邪台在渤海闲,琅邪之东。"晋郭璞释:"今琅邪在海边,有山鲍峣特起,状如高台,此即琅邪台也。琅邪者,越王句践入霸,中国之所都。"[61]383。关于"琅邪台"的记载,著名者有二:

一是《孟子》中齐景公问于晏子曰:"吾欲观于转附、朝舞,遵海而南,放于琅邪,吾何修而可以比于先王观也?"[58]119以渤海湾口的芝罘(烟台)为中转点,北到辽东半岛,南到琅邪,前有齐桓公曾东游海上南至琅邪,后有齐景公沿海观政六月不归,前后百余年间,两代君主均利用巡海而行的方式,登台望海。这展示了齐国强大的驭海能力,也是确认海权的重要体现。

二是《越绝书》载:"句践伐吴,霸关东。徙琅邪,起观台,台周七里,以望东海。死士八千人,戈船三百艘。"[81]163《吴越春秋》亦言:越王勾践二十五年"既已诛忠臣(文种),霸于关东,从琅邪起观台,周七里以望东海"[82]150。据张志立和彭云两位先生考察,在九龙口山湾,可见一条外弧形城墙,长约1300米,与喇叭形山口组成一座扇状布局的古城遗址,按山口两侧山体长度,城北面长约1000米,南面长约1200米,环城周长约3500米,合计大概有七里,这与《越绝书》所说的长度"台周七里"正好相符。据此,连云港市锦屏山九龙口古城为越王勾践迁都之琅邪。自越王勾践迁都琅邪,逐渐成就了古越国水战立国、海权霸国的伟业,而越王起观台、望东海,无疑展示了其海权雄心。事实上,"齐、吴、越三国,真正具有海权意识的是越国,越国建都,都在沿海港湾处,从会稽到琅邪,都是港口,这便是海洋性国家的标志"[83]。

三、以"官山海"为核心的海政思想

先秦时期的海洋实践随着生产技术和航海技术的进步,逐渐呈现出趋利性的特征,这也是先秦海洋观念不断发展演变的重要表现。其中最为典型的便是"官山海"思想,即国家专营盐铁资源及采取各种方式控制山林川泽的思想,是中国古代治国理政的核心思想之一。

复引前文论述"管子'负海而王天下'的治国之道"中所使用的材料,《管子·禁藏》强调:"其商人通贾,倍道兼行,夜以续日,千里而不远者,利在前也。渔人之入海,海深万仞,就彼逆流,乘危百里,宿夜不出者,利在水也。"[68]1015所揭示的问题是人们经略海洋的重要目的已经不仅仅是为了满足生存的需要,获取利益即趋利性成为征服海洋的重要目的,落实到国家利益层面便表现为:身处于"负海潟卤"恶劣地理环境中的齐国,面对"谓除阴雍长城占地三分之一,洴龙夏占地四分之一外,此为包绕其外之潮汐所遮盖者又居齐地五分之一也。此三地者皆不能生产五谷"[69]677的社会现实,统治者如何做到不仅能够有效地解决齐国百姓的生存问题,还能够通过临海而居的生活习俗和近海而生的实践经验获利于海洋,进而推动齐国的持续发展。

2003年以来,考古学者对齐国北部沿海地区(渤海南岸地区)进行了有针对性的全面考古调查工作,形成了对该地区盐业遗址群的新发现、新认识。"在齐地沿海地区长达300千米范围内已发现了20多处东周时期盐业聚落群,近千处制盐作坊。每处制盐作坊均有成组的地下卤水盐井和盐灶,所见煮盐工具陶圜底罐(瓮)形态较大,数量极多。古代文献记载的齐国制盐规模、产盐之地、煮盐原料、成盐方式、制盐季节、食盐年产量、盐业生产管理方式和食盐运销区域与齐地考古资料大体一致。"[70]例如《管子·轻重甲》《管子·轻重丁》《管子·地数》提到的齐国"渠展之盐""煮泲(水)为盐""煮沸水为盐""秋末冬初煮盐"以及"脩河、济之流,南输梁、赵、宋、卫、濮阳"等运输通道,均获得了可信的出土资料的印证。如此特殊的疆域特点和生存环境,如此规模的盐业开发实践,成为齐国统治者和百姓经略海洋的现实基础,齐国也逐渐形成了极具特色的"官山海"策略。

"官山海"策略来自齐国对"鱼盐之利"实践积累。

《史记·齐太公世家》载:"(齐)太公至国……通商工之业,便鱼盐之利……桓公既得管仲,与鲍叔、隰朋、高傒修齐国政,连五家之兵,设轻重鱼盐之利,以赡贫穷,禄贤能,齐人皆说。"[20]1487

《史记·货殖列传》载:"故太公望封于营丘,地潟卤,人民寡,于是太公劝其女功,极技巧,通鱼盐,则人物归之,襁至而辐凑……后齐中衰,管子修之,设轻重九府,则桓公以霸,九合诸侯,一匡天下。"[20]3255

一是官山海思想的奠基者是姜太公。《史记·太公世家》记载:"太公望吕尚者,东海上人。"《史记集解》释:"东夷之人。"[20]1477西周封齐,姜太公"因其俗,简其礼",顺应当地的风俗,借鉴东夷之人经略海洋的实践经验和生活习俗,又"通商工之业,便渔盐之利",奠定了齐国日益强大的经济基础。

二是齐地百姓经略海洋的经验是官山海思想的实践基础。齐地百姓临海而居逐渐形成了有效的开发海洋的生活经验,例如"西方之氓者,带济负河,菹泽之萌也,猎渔取薪蒸而为食"[68]1474;"东方之萌,带山负海,苦处,上断福渔猎之萌也,治葛缕而为食"[68]1474;"北方之萌者,衍处负海,煮沸为盐,梁济取鱼之萌也,薪食"[68]1475。根据四地调研结果来看,除去南方内陆区域,齐国西方济水四周,邻近海洋、草野之地的百姓,主要以渔猎砍柴为生;东方居山靠海的百姓,地处山谷,上山伐木,主要以渔猎和纺织葛藤粗线为生;北方居住在水泽一带和海洋邻近的百姓,主要以煮盐或渔猎砍柴为生。以上,齐国统治者和齐地百姓对海洋的开发和利用,成为齐国"官山海"思想或经济政策的实践基础,而"官山海"正是先秦时期海洋观获得进一步发展的具体体现。

三是齐国九合诸侯成就霸业得益于通鱼盐之利。除了《史记·太史公世家》《史记·货殖列传》的记载之外,《汉书·地理志》对"官山海"政策的影响也进行了详细记载:"古有分土,亡分民。太公以齐地负海潟卤,少五谷而人民寡,乃劝以女工之业,通鱼盐之利,而人物辐凑。后十四世,桓公用管仲,设轻重以富国,合诸侯成伯功,身在陪臣而取三归。"[7]1660这些记载表明,正因姜太公采取"便鱼盐之利",管仲沿袭实施了"设轻重鱼盐之利"的工商业政策,才让齐国春秋时期五霸之首。

"官山海"思想的内容详见于《管子·海王》篇。

> 桓公问管子曰:"吾欲藉于台雉,何如?"管子对曰:"此毁成也。"曰:"吾欲藉于树木。"管子对曰:"此伐生也。"曰:"吾欲藉于六畜。"管子对曰:"此杀生也。"曰:"吾欲藉于人,何如?"管子对曰:"此隐情也。"桓公

曰:"然则吾何以为国?"管子对曰:"唯官山海为可耳。"桓公曰:"何谓官山海?"管子对曰:"海王之国,谨正盐策。"[68]1246

齐桓公企图通过征收房屋税、树木税、牲畜税和人头税的方式来增加国家财政收入,管仲一一否定,并强调了这些政策的深远影响:收房屋税会导致人们摧毁建好的房屋,收树木税会导致人们砍伐正在生长的树木,收六畜税会导致人们杀死正在畜养的牲畜,收人头税会导致人们收敛情欲,不育儿女。因此,齐桓公感慨:"然则吾何以为国?"管子对曰:"唯官山海为可耳。"对于"官"的含义,学者们进行了相应讨论:

一是指"职官",因要获得山海自然之利而设置职官,进而实现无尽其利。安井衡云:"官,职也。使山海供职。言尽其利也。"何如璋云:"官山海者,设官于山以筦铁,设官于海以课盐也。"[69]191例如《左传·昭公二十》所载:"山林之木,衡鹿守之,泽之萑蒲,舟鲛守之,薮之薪蒸,虞候守之,海之盐蜃,祈望守之。"[59]1417这都体现了根据山海利益的需求而设置官职的现象。

二是指"管理",突出独占原则,为防止"浮食奇民"或"豪民富贾"谋利于山海之货,而进行国家经营和管理。马非百:"谓山海天地之藏,如盐铁及其他各种大企业之'非编户齐民所能家作'者,均应归国家独占,由国家经营管理之,以免发生'浮食奇民'或'豪民富贾'以'富羡役利细民'或'要贫弱'之弊。同时即以经营所得之一切官业收入,作为上述各种赋税之代替,以实现其所谓'不籍而赡国'之财政理想。"[69]192

尽管管仲"官山海"政策的运行未详见于先秦文献典籍,但在先秦文献记载中却出现了盐官和对盐的管理。例如《周礼·天官·冢宰下》专门设置"盐人"一职,其下领有"奄二人,女二十人,奚四十人"[40]37,他们主要职责是"盐人掌盐之政令,以共百事之盐"。孙诒让强调:"注云:'政令谓受入教所处置'者,凡海盐产盐之处,以盐来入,此官并受之,又区其种别,处置其所,则教令之。"[40]411由此可知,盐人职责之一便是负责管理海盐产盐的供入工作,这说明春秋战国时期对海盐的管理是归属国家管理层面的。

除了用于"百事之盐"的供应之外,"官山海"之"盐策"的关键又是什么呢?桓公曰:"何谓官山海?"管子对曰:"海王之国,谨正盐策。"尹注云:"正,税也。"石一参云:"盐策犹言盐籍。"元材案:"二氏说非也。谨即《国蓄篇》'君养其本谨也'及'守其本委谨'之谨,慎也。谓慎重其事不敢忽略也。正即《地数篇》'君伐菹薪,煮沸水为盐,正而积之三万钟'之正。正即征。此处当训为征收或征集,与其他各处之训为征税者不同。盖本书所言盐政,不仅由国家专卖而已,实则生产亦归国家经营。"[69]193综合而言,通过大海之利而成就王业的关键,就是要重视盐政,盐政即盐业的生产和销售都要由国家来经营。因此,"官山海"政策的关键在于"官",也就是管理,而管理的要义就在于"谨正",也就审慎地推行盐税的征收。

谨慎的"正盐策"是"官山海"策略的关键。

> 桓公曰:"何谓正盐策?"管子对曰:"十口之家十人食盐。百口之家百人食盐。终月,大男食盐五升少半,大女食盐三升少半,吾子食盐二升少半。此其大历也。盐百升而釜。令盐之重升加分强,釜五十也。升加一强,釜百也。升加二强,釜二百也。钟二千,十钟二万,百钟二十万,千钟二百万。万乘之国,人数开口千万也。禺策之,商日二百万,十日二千万,一月六千万。万乘之国正九百万也。月人三十钱之籍,为钱三千万,今吾非籍之诸君吾子,而有二国之籍者六千万。使君施令曰:'吾将籍于诸君吾子。'则必嚣号。今夫给之盐策,则百倍归于上,人无以避此者,数也。"[68]1246-1247

在"正盐策"的问题上,管仲谨慎的地方主要在于"'吾将籍于诸君吾子。'则必嚣号",即向包括儿童在内的在籍的所有人征收人头税,必然会引起民众的不满,有鉴于此,寻找既能使百姓顺意又能获利税收的方式便成为关键。为此,管仲强调"正盐策"获利的关键就在于食盐不分男女叟稚,通过提高盐价的方式,可以实现国家财政收入的增加。最终达到的效果是:以一个万乘之国而言,提高盐价获利"一月六千万",征收人头税以"月人三十钱之籍"为标准,获利"三千万",在不激起民怨的情况下,实现了双倍的盈利。

"官山海"策略可以利用山海资源达到"海王之国"的目的。

如果说"正盐策"的关键是利用价格的涨幅实现利益的扩大,其中官营是"官山海"思想促成"海王之国"一个方面的体现,那么另一方面的体现则是利用贸易控制和官营买卖的方式,借助他国的山海资源达到"海王之国"的目的。

桓公曰:"然则国无山海不王乎?"管子曰:"因人之山海假之名有海之

国,雠盐于吾国。釜十五,吾受而官出之以百,我未与其本事也,受人之事。以重相推,此人用之数也。"[68]1256齐桓公追问管仲:没有山海之利的国家,如何称王天下?管仲回答的关键是"因人之山海假之",即借助和利用别国的山海资源。以海盐为例,通过"雠盐于吾国"也就贸易买卖的方式,以"官出"即官营作为销售方式,低价购入、高价卖出,纵使没有山海资源,也可以"以重相推",在进出口贸易中获利。

实际上,"官山海"思想的核心就是利用山海资源进行财富积累的轻重权衡之术,而在众多的山海资源中,齐国富有海盐,这便使得齐国在海政管理时以海盐的贸易为核心。《管子·地数》篇中桓公问管子,能否利用"准衡之术"像先王一样"欲守国财而毋税于天下,而外因天下",管子对曰:"可,夫水激而流渠,令疾而物重。先王理其号令之徐疾,内守国财而外因天下矣。"[68]1362他认为,如水势湍急而水流飞快的原理一样,政令急迫时会引起物价上涨,先王就是通过发布号令的缓急实现对物价的权衡,进而保住国内的资源,这一经验也适用于当前的齐国。因此,在回答齐桓公的问题"今亦可以行此乎"时,管仲举例:

> 桓公问于管子曰:"今亦可以行此乎?"管子对曰:"可。夫楚有汝、汉之金,齐有渠展之盐,燕有辽东之煮,此三者,亦可以当武王之数。十口之家,十人舐盐。百口之家,百人舐盐。凡食盐之数,一月丈夫五升少半,妇人三升少半,婴儿二升少半。盐之重,升加分耗而釜五十。升加一耗而釜百,升加十耗而釜千。君伐菹薪,煮沸水为盐,正而积之三万钟。至阳春,请籍于时。"桓公曰:"何谓籍于时?"管子曰:"阳春农事方作,令民毋得筑垣墙,毋得缮冢墓。丈夫毋得治宫室,毋得立台榭。北海之众毋得聚庸而煮盐,然,盐之贾必四什倍。君以四什之贾,修河、济之流。南输梁、赵、宋、卫、濮阳。恶食无盐则肿。守围之本,其用盐独重。君伐菹薪,煮沸水以籍于天下,然则天下不减矣。"[68]1364

上述材料涉及官山海政策之海盐的生产、供用和贸易问题,具体信息分析如下:

其一,齐的渠展之盐即海盐。尹知章云:"渠展,齐地。沸水所流入海之处,可煮盐之所也。"据《周礼·天官·冢宰下》,"盐人"职下记载了百事所用之盐的主要分类:"祭祀,共其苦盐、散盐。宾客,共其形盐、散盐。天之膳羞,共怡盐,后及世子亦如之。"[40]411-413 苦盐即池盐,散盐即海盐,形盐即"似虎形之盐",怡盐即岩盐。关于"散盐"的解释,郑司农云:"散盐,涑治者。"郑玄谓:"散盐,鬻水为盐。"贾公彦疏:"散盐,煮水为之,出于东海。"[40]412 释文引《说文》"天生为卤,人生为盐",结合"君伐菹薪,煮沸水以籍于天下"的记载,孙诒让得出结论:"鬻海水为盐,所谓人生者也。"[40]412 由此可知,齐的渠展之盐即为海盐,其制作特点就是通过煮海水成盐。

其二,盐的重要性在于"恶食无盐则肿。守圉之本,其用盐独重",属"五味"之一。据《周礼·天官·疾医》载:"以五味、五谷、五药养其病。"[40]326 五味指的是醯、酒、饴蜜、姜、盐,这说明了盐对于人们身体的重要性。因此,每个国家对于盐的管理和供应都非常重视。其中散盐,即海盐所占比重较大,既可以用于祭祀又能用于燕飨宾客。韩非曾说:"历心于山海而国家富。"因此,海盐生产就成为沿海邦国非常重视的产业,北濒渤海、东临黄海的齐国尤为典型。

其三,利用官营生产的方式积累财富。管仲强调:"盐之重,升加分耗而釜五十。升加一耗而釜百,升加十耗而釜千。君伐菹薪,煮沸水为盐,正而积之三万钟。至阳春,请籍于时。"[68]1364 由于人人都离不开盐,因此提高盐价便可直接获利,然而,管仲进一步强调了"君伐菹薪,煮沸水为盐,正而积之三万钟",盐业官营的优势就在于可以由官府组织砍柴煮盐,并且达到一定量的累积后,等待阳春时节实现真正的获利。

其四,利用官营贸易的方式扩大财富积累。提到财富积累时,管仲强调的是以提高物价的方式进行积累,但要扩大财富积累就要"至阳春,请籍于时",利用的是古代农业社会向地而生的特点。"阳春农事方作,令民毋得筑垣墙,毋得缮冢墓。丈夫毋得治宫室,毋得立台榭。北海之众毋得聚庸而煮盐"[68]1364,在农事开始时,包括煮盐业在内的生产活动均被停止,以尽全力进行农事生产,则必然导致盐价上升。按照管仲的估算,"盐之贾必四什倍",接下来只需"以四什之贾,修河、济之流","南输梁、赵、宋、卫、濮阳"等地,如此便利用官营贸易的方式扩大四十倍的财富积累。

四、以"舟楫之利"为核心的海商思想

距今约 7000—3000 年间的贝丘遗址上居住着"主要以采捞贝类和近海岸鱼类为生业的'贝丘人',也有临时性或季节性的居留与迁移;他们能够制造和使用海上交通工具;他们到处游走,通过海上交通建立起大陆沿海之间、沿海与岛屿之间、岛屿与岛屿之间的联系网络,成为活动力强的文化传播者"[12]。进入商周以来,造船技术越来越发达,人们驾驭海洋的能力和经验也越来越丰富,也逐渐显现出来"舟楫之利"的真正意义。正如《周易·系辞下》所载:"刳木为舟,剡木为楫,舟楫之利,以济不通,致远以利天下。"[48]628 在《尚书·禹贡》的记载中,禹划九州,其中有五州临海,分别是冀州、兖州、青州、徐州、扬州,构成了"我国先秦时期东部沿岸江海航路的形成,从北方的河水入海口和济水入海口,环绕今山东半岛再向南,以达淮水入海口,构成一条系统完整的海上交通线"[83]14。这条海上航线向东北方通往今辽东半岛一带的岛夷之地,向南可以通往今浙江、福建、台湾一带[84]。

事实上,到了春秋战国时期,沿海邦国已经充分利用了临海而居的优势,不仅开启了邦国之间的贸易往来,还开辟了海外贸易航线。以齐国为例,"齐燕不仅有陆地贸易,而且还有海上贸易;即渤海南岸之齐与渤海北岸燕之辽东之间的海上贸易"[85]114。而"日本在西海岸发掘出的中国春秋时期的青铜器铎 350 件,与朝鲜出土的完全相同,这就说明了早在 2700 年前,也就是齐国时期,中国的航海先驱者,已经开辟了从山东半岛出发,经朝鲜半岛,再东渡日本的航路,与朝鲜日本等国进行海上丝绸贸易"[86]。因此,《中国航海史》总结:"春秋战国时期的燕、齐航海者从山东或辽东半岛出发,经过朝鲜半岛,航行到日本,前后共开辟了两条航线。春秋时期的一条,是左旋环流航线,战国时期随着航海技术的提高,又开辟出一条经由对马岛直航日本北九州的航线。"[87]

1957 年在安徽出土的"鄂君启节",是战国时期楚怀王颁赐给鄂地封君启的水路交通运输凭证,分为舟节和车节两种,舟节主要用于水路运输通行,车节主要用于陆路运输通行。其中舟节铭文主要规定了船舶载量、往返时间、航行路线、沿途管理等,从中可窥见战国时期对于船舶航运的管理方

式[88]。其中最为重要的信息是,尽管"鄂君启节"是运用于内河航运的通行凭证,却有力地说明了航船贸易的存在,不仅清楚地载明了具体的航行路线,还详细地说明了免税的各类情况,直接表明了"舟楫之利,以济不通,致远以利天下"的海商思想。

五、贝饰与就地取材的海洋审美

贝类器物不仅仅反映了先民临海生活中接触海洋、利用海洋的实践,如果将这类遗物归为先民海洋生活物质层面的体现,那么,旧石器、新石器时代贝类饰品的遗存还代表先民取材于海的审美观念。

先秦时期审美观念来源于考古发掘中的实物遗存,总体表现为:早期先民的饰品原料多就地取材于生产实践,在劳动中获取的石、骨、牙、蚌、贝、螺、蛋壳等,经简单加工制成各类装饰,例如"颈饰、胸饰、腰饰、头部额饰、发饰、耳饰,以及腕饰、臂饰、指饰、足饰之类"[89]356。

人类饰品的历史,最早可以追溯到旧石器时代中期,距今约20万年前的北京"新洞人"遗址曾经发现2件经磨制的骨片[90]17,最为出名的当属距今约1.8万年前的北京山顶洞人遗址,至少发现了6种装饰品:其一是白色石灰岩石磨制成的石珠,有钻孔,共7枚,均染有红色(赤铁矿),且均发现于头骨附近,似为头饰品;其二是黄绿色有孔小砾石,扁圆形,两面钻制;其三是穿孔牙齿,有116枚,属之獾、狐、鹿、狸、虎的犬齿或门齿,有的还染成红色,孔周围光滑有亮光,是穿系戴用甚久之证,概皆穿之成串,作为颈部及腰部之饰物;其四是骨坠4件,表面均磨光,上有长形凹入之痕;其五是穿孔海蚶之壳;其六是被染成红色的穿孔鱼骨。[91]130-133在旧石器晚期的北京山顶洞人遗址中出现了海蚶壳和穿孔鱼骨,不仅仅反映了山顶洞人的活动轨迹可延伸至海洋,更清楚地表明在旧石器晚期的先民审美意识中已经具有取材于海的海洋因素。此外,在辽宁海城小孤山遗址中还出土了穿孔蚌壳,在蚌饰边缘沟槽尚留有红色燃料[92]77。北京门头沟区东胡邻村距今10000年的遗址中,一具少女尸骨残留的颈饰项链是由50枚大小均匀的穿孔海螺串系而成,胸前饰品是由穿孔河蚌制成[93]。这再一次清晰地证明了贝类饰品成为体现原始先民审美观念和宗教意识的重要载体。

在中国沿海先秦时期的贝丘遗址中,取材于海洋的蚌类饰品也是新石器时期饰品类的重要组成部分。其中,最为典型的当属大连郭家村贝丘遗址所蕴含的蚌类饰品。郭家村为新石器时代遗址,位于辽宁省大连市旅顺口区铁山公社郭家村的北岭上。在郭家村下层文化遗存中包含蚌珠31件,均为扁平圆形,一面钻孔,直径0.8—1.1厘米;蚌环3件,均残,横剖面近方形,宽0.9厘米;穿孔蚌饰1件,将牡蛎磨成圆形,中钻孔,直径7.6—9.2厘米。[94]303-304实际上,新石器时代中原区域,黄河中游、下游和长江流域的原始居民遗存中均出现了蚌器饰品,这足以说明海洋产品对于原始人服饰、审美和信仰的重要性。

六、"毋竭川泽"的原始自然生态保护意识

《礼记·月令》是古代先民用来指导一年生产、生活的纲领,做到上查天文,下守农时,体现了原始的顺应自然保护生态的意识。就先秦海洋观层面所蕴含的原始自然保护意识而言,主要体现为"是月也,毋竭川泽,毋漉陂池,毋焚山林"[72]427,即仲春二月,不要用尽山林川泽的水源,不要使池塘干涸,不要焚烧山林,但要重视渔业和田业生产,做到"顺阳养物",因此重点提出了旨在保护山林川泽的禁忌性的约束。

实际上,随着先民认知和实践能力的增长,原始自然生态保护意识逐渐萌生,较早的追溯可见《史记·殷本纪》所记载的"网开三面"的典故:"汤出,见野张网四面,祝曰:'自天下四方皆入吾网。'汤曰:"嘻,尽之矣!"乃去其三面。祝曰:"欲左,左;欲右,右。不用命,乃入吾网。"[20]95与"网开三面"比肩的典故来自《周易·比卦》"王用三驱":"九五,显比,王用三驱,失前禽,邑人不诫,吉。"[48]146朱熹曰:"如天子不合围,开一面之网,来者不拒,去者不追,故为用三驱,失前禽,而邑人不诫之象。"《程氏易传》云:"先王以四时之畋不可废也,故推其仁心,为三驱之礼,乃《礼》所谓天子不合围也。成汤祝网,是其义也。"据先秦文献资料记载,无论"网开三面"还是"王用三驱"的思想都被进一步发展,逐渐体现在对于自然资源的保护和节用之上。例如《礼记·曲礼下》强调:"国君春田不围泽,大夫不掩群,士不取麛卵。"[72]122孔氏云:"春时,万物产孕,不欲多伤杀,故不合围绕取也。大夫不

掩群者,群谓禽兽共聚也,群聚则多,不可掩取之。"[72]122《礼记·王制》载:"天子不合围,诸侯不掩群。"孙希旦强调:"愚谓不合围,谓围其三面而不合,《易》所谓'王用三驱,失前禽',是也。"[72]334-335 由此可知,无论是"网开三面""王用三驱",还是"不合围""不掩群""不取麛卵"都展现了先民对于自然资源的爱护,他们已经充分意识到对待山林川泽所孕育的生命,要取之有节、用之有度。

在相关文献资料中,春秋战国以来,也出现了保护自然资源的相关论述。尽管未见对于海洋物种资源保护和利用的直接论述,但却对于渔猎活动尤其是捕鱼活动提出了相关要求,这表明了原始自然生态保护意识日益成熟,具体表现在如下几个方面。

第一,物种的繁盛源自有节制的渔猎活动。

《诗经·小雅·鱼丽》载:"鱼丽于罶,鲿鲨。君子有酒,旨且多。鱼丽于罶,鲂鳢。君子有酒,多且旨。鱼丽于罶,鰋鲤。君子有酒,旨且有。物其多矣,维其嘉矣。物其旨矣,维其偕矣。物其有矣,维其时矣。"[25]235《毛诗序》说:"《鱼丽》,美万物盛多能备礼也。文、武以《天保》以上治内,《采薇》以下治外,始于忧勤,终于逸乐,故美万物盛多,可以告于神明矣。"[95]417 为什么会出现这样鱼类众多、物丰酒美的生活实景呢? 孔颖达强调:"微物所以众多,由取之以时、用之有道,不妄夭杀,使得生养,则物莫不多矣。……既言取之以时,又说取之节度,天子不合围,言天子虽田猎不得围之使匝,恐尽物也。"[95]417 由此可知,有节制的渔猎活动突出的便是对待自然界的微小物种,要以生和养为前提,根据时节取用,并且取用的方法要科学,这样才能保证万物繁盛。

第二,物种的繁衍来自科学的畜养和捕捞。

一是科学的捕捞工具,为微小物种保留生存之机。据《孟子·梁惠王上》载:"数罟不入洿池,鱼鳖不可胜食也。"注云:"数罟,密网也,密细之网,所以捕小鱼鳖也,故禁之不得用。鱼不满尺,不得食。"[58]54-55 之所以对渔网保留孔洞的尺寸和可食用鱼的尺寸进行明确规定,就是为了保证小鱼、小鳖的生存和繁衍。

二是以"时禁"约束行为,保证物种的绵延。《荀子·王制》载"圣王之制":草木荣华滋硕之时,则斧斤不入山林,不夭其生,不绝其长也。鼋鼍、鱼鳖、鳅鳝孕别之时,罔罟毒药不入泽,不夭其生,不绝其长也。春耕、夏耘、秋收、冬藏四者不失时,故五谷不绝而百姓有余食也。污池渊沼川泽,谨其时禁,故鱼鳖优多而百姓有余用也。斩伐养长不失其时,故山林不童而百姓有余材也。[63]165从渔业养殖和捕捞角度来看,其重要的"时禁"是"鼋鼍、鱼鳖、鳅鳝孕别之时",渔网毒药不能进入江河湖泽,以保证不折损它们的生命,不断绝它们的生长。同时,"污池渊沼川泽,谨其时禁",严格地依据时禁进行捕捞,鱼类就会丰饶,保证后续生活所需的"不可胜食""不可胜用""有余食""有余材"。实际上,"时禁"代表了对春生、夏长、秋收、冬藏等万物生长规律的探索和运用,强调的是在万物孕育繁衍的关键时期,以"时禁"约束人们的采集、渔猎行为,目的是保证物种的生机和绵延。

三是关注禽兽鱼鳖等物种生态环境的安全。在《周礼·秋官·司寇》雍氏职下便规定了掌沟渎浍池之禁:"禁山之为苑、泽之沉者。"郑司农注:"泽之沉者,谓毒鱼及水虫之属。"郑玄解释:"为其就禽兽鱼鳖自然之居而害之。"[40]2905对于渔业养殖而言,以药物杀死毒鱼和水虫等,是为了保证苑囿、水泽之中禽兽、鱼鳖等物种生存环境的健康和安全。

第三,以仁心待万物,取之有时有节。

据《春秋》桓公七年载:二月己亥"焚咸丘"。杜注、孔疏《春秋》,焚"火田",即焚林而猎。毛奇龄言:"焚林而田,明年无田,竭泽而渔,明年无渔,故《春秋》书'焚咸丘',恶尽物也,夫求尽物于山泽,圣人且犹恶之,况求尽利于民乎?"[95]1753"焚咸丘"这一事件所揭示的便是圣人尤其厌恶之处便是"求尽物于山泽",即断绝了田渔之业的生机。《礼记·中庸》中特别强调:"唯天下至诚,为能尽其性。能尽其性,则能尽人之性。能尽人之性,则能尽物之性。能尽物之性,则可以赞天地之化育。可以赞天地之化育,则可以与天地参矣。"[96]1448化育生命的关键就是"尽其性",让天地万物的生长符合各自的规律,这才是与天地为功的业绩。

这样的一番评论所揭示的核心理念是仁人之本,而仁人之本的关键便是为天下万物留下生机。儒家先圣孔子做四言诗《猗操》:"干泽而渔,蛟龙不游。覆巢毁卵,凤不翔留。惨予心悲,还原息陬。"[97]15《周易·系辞下》把

"生"看作"天"之"大德",称"天地之大德曰生"[48]619。《孟子·梁惠王上》便强调"君子之于禽兽也,见其生不忍见其死;闻其声不忍食其肉","是乃仁术也"[58]83。同样孟子强调,"人皆有不忍人之心"既是性善论的体现,又显现了生态认知的道德基础。

第五章　先秦海洋观的主要特点

在海洋观形成的漫长过程中,先民们对海洋的认知始终未离开"民以食为天"理念的影响,这是中国农业文化浸润于早期对海洋认知的鲜明特点。因此,先秦海洋观呈现了以陆地思维来认知海洋、以先河后海的思维来定义海洋、以神话传说来发展对海洋的认知的特点,这也使得先秦海洋观逐渐经历了从晦海、畏海到驭海的转变。

一、以陆地思维来认知海洋

向天下而生,海洋是辽阔疆域的天然屏障,带有鲜明的国家认同观。第四章"从典型的疆域概念中看先秦时期的海疆意识"一节中,以天下和四海为核心的疆域概念为研究对象,重点梳理了"海表""四海""四海之内""四海之外"等疆域概念,在对海洋的认知中凸显了以"中国"为中心,四海所代表的是"中国"之外最辽阔的疆域,海洋被视为疆域统治屏障。不仅如此,在先秦众多政论性的文献资料中,这些词汇被赋予了统一的政治属性,即最广阔的疆域范围所实现的统治或政令的通达。因此,先秦时期海洋观念中便带有了鲜明的古代中国的国家认同观。

从陆地看海洋,以海为田、以海为禾比喻海洋经济的重要性。关于"以海为田"内涵的讨论曾经引起过学者们的重视,大体上分为以下三种观点:一是"农业本位"的解释,以宋正海先生为代表,认为"'以海为田'是一种大农业思想,内容涉及渔、牧、农、副等业,具体指海洋渔业、海水养殖业和以海洋水资源开发为基础的潮田、盐田等"[98];二是"海洋本位"的解释,以杨国桢先生为代表,认为"'以海为田'不是海洋活动群体自己总结出来的,而是古代沿海知识分子和官员对海洋生计的形象概括,'田'之所指不是农业,而是海洋交通、海洋捕捞和海洋贸易"[98];三是"融合本位"的解释,以于运全先生为代表,认为"即便是大农业思想体系下'以海为田'的内涵也并不是单纯地强调海洋的农业价值"。无论持何种观点的学者,他们能够达成共识的是:中国古代先民在探索海洋的过程中形成的对于海洋的认知、开发海洋的技能、经略海洋的方式方法、管理海洋的策略,在此基础上形成的海洋科学、宗教、习俗等,实际上已经形成了对于中国古代海洋文明发展的全面认识。

不过,在斟酌中国古代海洋文化或者海洋观念的特点时,我们不能割裂哺育华夏民族融合发展的农业文明,不能脱离农业文明孕育下的思想争鸣,不能挣脱四海之内广袤土地所承载的王权更替。因此,在对早期海洋的认知和实践中,人们站在陆地之上看海洋,尽管通过海洋获取了衣食住行的重要保障,但仍将赖以为生的各种涉海经济比喻为"以海为田""以海为禾"。更何况,即便是"历心于山海而国家富"的齐国也要重视农业耕作的时禁:"阳春农事方作,令民毋得筑垣墙,毋得缮冢墓,丈夫毋得治宫室,毋得立台榭,北海之众毋得聚庸而煮盐。"[68]1364这便是早期对海洋的认知中所呈现站在陆地看海洋的特点的原因。

中国古代海洋活动的农耕文明的底色主要表现为以下三点。一是具有"自给性",首先满足的是临海居民衣食住行的自给自足。这与地中海航海民族以商业贸易为主的流通性活动有着本质的区别。二是具有"依附性",立足于农业立国的前提,统治者所提倡"鱼盐之利"更多地服务于王权霸业,让位于农业生产。以早期渔业为例,除满足生活所需之外,更多地用于供赋,没有真正独立于农业之外。三是具有"封闭性",随着造船技术的发展,沿海先民的航海领域和足迹不断扩展和延伸,就先秦时期的航海活动而言,或服务于王权政治,或服务于争霸确权,或服务于进奉贡品,主要是以家庭为单位的海上活动,呈现了类似于小农经济的海上运行模式。可以说,受农业立国、重农抑商和先河后海思想影响的先秦海洋观确实带有了农耕文明的底色。

二、以先河后海的认知来定位海洋

据《尔雅·释水》言:"江、河、淮、济为四渎。四渎者,发源注海者也。"[55]47四渎指长江、黄河、淮河和济水,共同孕育了华夏灿烂的古代文明。《晋书·天文志》解释:"东井南垣之东四星曰四渎,江、河、淮、济之精也。"[99]306 由此可知，渎是星宿名，将天文地理融合，"四渎"也成为古代王室祭祀的重要内容。又据《礼记·学记》记载："三王之祭川也，皆先河而后海，或源也，或委也。此之谓务本。"[72]973 先王在祭祀川泽时，先祭祀河神，再祭祀海神，原因在于河代表了水的源头、海代表了水的归宿，"先河后海"便代表了分清源流的意义，这也是先秦海洋观的主要特点之一。

"河"专指黄河，殷商甲骨已有记载。例如《甲骨文合集》中写道："壬辰；王其涉河。"[100] 根据考古学家的观点，甲骨文中"河"字的本义是特指"黄河"。在不同历史时期的文献记载中均出现了"河"，如《易·系辞上》："河出图，洛出书，圣人则之。"[48]606《左传·文公十二年》："秦伯曰：'若背其言，所不归尔帑者，有如河！'"[59]596《庄子·秋水》："秋水时至，百川灌河。"[64]561 可以说，自远古时期，随着渔猎至农耕文明的演进，黄河成为孕育古代农业文明的母亲河，然而，黄河泛滥又给人民的生活造成了巨大的损失。因此，既依赖又敬畏的心理，为"河"赋予了"神明"的特质，这一观念深深地印入华夏民族的血脉中。

在先秦文献中，能够呈现"先河后海"这一认知特点的记载还见于《尚书·禹贡》，禹划九州、通九泽、决九河：

"冀州……恒卫既从，大陆既作。岛夷皮服，夹右碣石入于河。"恒水、卫水流入大海，岛夷贡物进入黄河。

"济河惟兖州，九河既道……厥贡：漆丝，厥篚织文。浮于济、漯，达于河。"济水和黄河之间的兖州，黄河九条支流被疏通，形成沃土良田。进贡物品通过济水和漯水进入黄河。

"海岱惟青州。……潍淄其道。……浮于汶，达于济。"海与泰山之间的青州一带，潍水、淄水被疏通，形成沃土。进贡的船只经过汶水通入济水。

"海岱及淮惟徐州，淮沂其乂……，泗滨浮磬，淮夷蚌珠暨鱼……浮于淮、泗，达于河。"海与泰山、淮河之间的徐州，淮河、沂水被疏通，进贡的物品包括泗水边上的巨石、淮河一带的蚌珠和鱼，进贡的船只从淮河、泗水到达与济水相通的菏泽。

"淮海惟扬州，……沿于江海，达于淮泗。"贡品沿着长江、黄海到达淮河、泗水。

"荆及衡阳惟荆州。江汉朝宗于海,九江孔殷,沱潜既道。云梦土作乂。……浮于江沱潜汉,逾于洛,至于南河。"荆山和衡山南面的荆州,长江、汉水奔流入大海,洞庭湖得到治理,沱水、潜水得以疏通,云梦泽得以治理。贡品的船只经江水、沱水、潜水、汉水等水路,再经过陆路到达洛水,最终至南河。

"荆河惟豫州。伊、洛、瀍、涧,既入于河,荥波既猪。导菏泽,……浮于洛,达于河。"荆山和黄河之间的豫州,伊水、瀍水、涧水流入洛水,洛水流入黄河,荥波泽积水被治理,菏泽被疏通,贡品的船只从洛水到达黄河。

"华阳黑水惟梁州。……沱潜既道,……浮于潜,逾于沔,入于渭,乱于河。"华山南部到怒江之间是梁州,沱水、潜水被疏通,进贡的船只从潜水,转行陆路进入沔,进入渭水,横渡渭水到达黄河。

"黑水西河惟雍州。弱水既西,泾属渭汭,漆沮既从,沣水攸同。……浮于积石,至于龙门西河,会于渭汭。"黑水到西河之间是雍州,弱水疏通后向西流,泾河流入渭河后,两条河水会合在一起,漆沮会合洛水流入黄河,沣水向北与渭水会合。进贡的船只从积石山附近的黄河,到达龙门、西河,与渭河逆流而上的船只汇合在渭河以北。

从上述叙述来看,大禹划定九州,疏通九河,朝贡船只汇入黄河,鲜明地呈现了远古时期地缘因素的影响下,黄河流域孕育而生的华夏文明,这是刻入中原腹地、华夏民族骨血中的文明基因。事实上,"进入新石器时代,早期有河南新郑的裴李岗文化、河北安磁的磁山文化,中期有河南渑池的仰韶文化,晚期有山东济南的龙山文化、甘肃临洮的马家窑文化、甘肃和政的齐家文化和山东泰安的大汶口文化等"[101]。当然,先秦文献资料和考古资料中,对于"河"和祭祀"河"的记载众多。例如《小屯南地甲骨》记载:"辛巳卜,贞,来辛卯河十牛,卯十牢;王亥燎十牛,卯十牢;上甲燎十牛,卯十牢。"《甲骨文合集》记载:"燎于河、王亥、上甲十牛,卯十牢,五月。"[100]而在春秋战国的邦国制衡中,先有秦晋隔"河"对峙,又有楚庄王问鼎于中原,"祀于河,作先君宫,告成事而还"[59]747。黄河灌溉了古代先民赖以生存的原始农业,孕育了众多史前文化,引领着华夏文明的融合发展,因此,从王畿之内到四海之外的共同认知便是"先河后海"——先敬奉汇聚文明之源的河和再祭祀推动文明流长的海。

三、从海洋神话看海洋观的发展①

神话故事的产生依赖于原始人类为了自身的生存而与自然界斗争的实践。

由于生产工具的简陋，人们的生存受到自然力的严重威胁，而面对众多无法解释的自然现象，原始人类又生发出无限的迷惑和恐慌。然而对生存的渴望催动原始人类形成了强烈的认识自然和征服自然的渴望和斗志，为此，原始人类以自身为依据，想象天地万物都和人一样有着生命和意志，依托于对身边图腾、领袖或英雄人物的崇敬，赋予他们神的力量成为自然界的主宰，并将其置于想象化的具体情节中，于是便产生了神话故事。诚如马克思在《〈政治经济学批判〉导言》中所说："任何神话都是用想象和借助想象以征服自然力，支配自然力，把自然力加以形象化。"与海洋有关的神话故事也呈现这一特点，朱建君在其文章《从海神信仰看中国古代的海洋观念》中总结："海神信仰是涉海人群在面对浩瀚无垠、变幻无常、神秘莫测的海洋和人类的无助时，为充满了凶险和挑战的涉海生活找到的精神护佑。"[102]43《山海经》是先秦时期重要的文献典籍，其重要的价值之一便在于它保存了大量的神话传说，其中有关海洋和海神的神话故事反映了先秦时期海洋观念的发展演变。

第一，从原始海神形象的演变看海神信仰的发展。

《山海经》中有关海洋认知的最知名的神话便是"精卫填海"，见于《山海经·北山经》："又北二百里，曰发鸠之山，其上多柘木。有鸟焉，其状如乌，文首、白喙、赤足，名曰精卫，其鸣自詨。是炎帝之少女名曰女娃，女娃游于东海，溺而不返，故为精卫，常衔西山之木石，以堙于东海。漳水出焉，东流注于河。"[61]111

据《山海经·北山经》记载，精卫是居于发鸠之山上的鸟，其形象是"文

---

① 第五章《先秦海洋观的主要特点》的第三部分《从海洋神话看海洋观的发展》、第四部分《从晦海、畏海到驭海的转变》，已于 2022 年 11 月 22 日发表于《中国社会科学报》理论专版，原题为《〈山海经〉神话故事体现先秦时期海洋观念》，作者宁波，内容进行了修改和调整。

首、白喙、赤足",《山海经校注》袁珂注引《述异记云》:"昔炎帝女溺死东海中,化为精卫。偶海燕而生子,生雌状如精卫,生雄如海燕。今东海精卫誓水处,曾溺此川,誓不饮其水。一名誓鸟,一名冤禽,又名志鸟,俗呼帝女雀。"[61]111此记载叙述了这一神话的演变,清晰地表述了炎帝之女化身为鸟并被赋予了与海对抗的顽强意志的具象情节。

值得注意的是,在这一则神话及其演变过程中,精卫、海燕等鸟的形象反映了原始海神形象的重要形态,即动物形态,这很可能来源于远古时代的图腾信仰。正如陈子艾先生在《海神初探》中强调:"原始自然宗教信仰的发展,其神的形象演变是由以动物为主的自由物神到半人半动物神再到人形的神。"[103]由此可推测,在人们认知海洋的过程中,精卫鸟很可能反映了当时以动物形象为主的自由物神阶段的海神形象,而这一动物形象又可能来源于沿海区域人民常见的海燕科鸟类,来源于滨海先民在渔猎之时所观察到的飞鸟捕鱼的场景,于是形成了取自现实的飞鸟能控制水中鱼类亦能征服海洋的信念。

在《山海经》中还出现了与精卫鸟形象不同却又密切相关的明确的海神形象,见于《山海经·大荒东经》:"东海之渚中,有神,人面鸟身,珥两黄蛇,践两黄蛇,名曰禺猇。黄帝生禺猇,禺猇生禺京,禺京处北海,禺猇处东海,是惟海神。"[61]403《山海经·大荒南经》:"南海渚中,有神人面,珥两青蛇,践两赤蛇,曰不廷胡余。"[61]426《山海经·大荒西经》:"西海陼中,有神,人面鸟身,珥两青蛇,践两赤蛇,名曰弇兹。"[61]459《山海经·大荒北经》:"北海之渚中,有神,人面鸟身,珥两青蛇,践两赤蛇,名曰禺强。"[61]485这一系列引文中,最鲜明的特点是海神与方位神合体,出现了东海海神、南海海神、西海海神和北海海神,他们形象类似,生动非凡。

实际上,《山海经》对海神形象的核心描述是:"人面鸟身,珥两黄蛇、践两黄蛇。"依据上述引文可知,四海之渚中东海、西海和北海神的形象均是"人面鸟身",差别在于珥两蛇和践两蛇的颜色。与精卫鸟雌性动物神的形象相比,海神形象转变成人兽合体的半人半动物形象,并且性别特征为男性,呈现了人主控鸟的身体并具有操控蛇的能力,御蛇于海岛之间,成为海洋的主宰,但此时的海神并未人格化,其神力主要用于驱动其在"海渚"也就是海岛之间巡行,尚未深入海底和天际。这说明当时的人们尽管提升了认知和亲近海洋的能力,但对于海洋的认知水平还十分有限。

随着人们涉海生活能力的提升,海神的本体形象也开始发生人形化和人格化的转变,突出地表现为四海方位神有了新的称呼并被列为官方祭祀的汉代四大海神——祝融、句芒、玄冥、蓐收。这表明汉代以来,民间对海神的信仰趋于人神化,遂有如对河伯那样,为四海之神取名之举,如冯修青、阿明之类。至于祝融、句芒、玄冥、蓐收,皆中国古代传说中之方位神,或被视为四海之神君。海神人格化的另一个表现便是其家庭形象的呈现,如《纬书集成·龙鱼河图》所载:"东海君姓冯名修青,夫人姓朱名隐娥;南海君姓祝名赤,夫人姓翳名逸寥;西海君姓勾大名丘百,夫人姓灵名素简;北海君姓是名禹帐里,夫人姓结名连翘。"[104]1152秦汉以降,相比其他民间祭祀神灵的发展,海神形象经历了"以动物为主的自由物神到半人半动物神再到人形的神"的转变,被人格化的海神以后发的海洋神灵形象融入众神体系中,见证着人们海洋观念的发展和演变。

第二,海神的诞生反映了先秦海洋观念中神权王授的特点。

如前文所引述,《山海经》中精卫的身份是炎帝的幼女,海神禺䝞的父亲是黄帝,禺䝞生禺强为北海之神。炎帝被认为是华夏文明的始祖,通过父、子、孙的关系孕育了海神的诞生与传承,这说明了海神始出生于人,并以血缘为纽带与王权产生不可分割的联系。另据《中华古今注》记载:"昔禹王集诸侯于涂山之夕,忽大风雷震,云中甲马及九十一千余人,中有服金甲及铁甲,不被甲者以红绢袜其首额。禹王问之,对曰:'此袜额盖武士之首服。'皆佩刀以为卫从。乃是海神来朝也。"[105]"涂山之会"万国来朝,确立了大禹的王权,是夏朝建立的标志性事件,海神来朝是其听命于王权的表现。因此,从炎帝时期海神诞生到虞夏时期海神来朝,均呈现出神权王授的特点。

第三,原始海神形象影射了图腾与征服相交融的先秦海洋观念。

众所周知,鸟是古代先民们最早关注并广泛崇拜的动物之一,这一点不论在文献资料还是在考古资料中均可以得到证明。事实上,我国古代许多氏族部落都奉鸟为神灵或为始祖,最为知名的当属《诗经·商颂·玄鸟》曰:"天命玄鸟,降而生商。"玄鸟成为商族的图腾,商族出自东夷商部族,属东夷部族的一支,因此商族与东夷族均以鸟为图腾。《山海经·北山经》中的精卫鸟被赋予填海的意志,成为誓鸟、帝女雀的化身,也体现了鸟在先民心中特殊而卓越的地位。而在《山海经·大荒经》中所记载的四海之渚的神灵中,处东海的海神禺𤞤、其子北海之神禺强、西海之神弇兹均是"人面鸟身",这说明随着原始先民改造自然能力的增强,人们意识到了人在探知海洋过程中的重要作用,因而幻化出以人为主宰的神,但仍然寄希望于翱翔天际的鸟的神力来主控海洋,于是产生了主宰海洋的"人鸟神"。

值得注意的是,主宰海洋的"人鸟神",其身周围最重要的装扮是"珥两蛇""践两蛇",显然通过挂耳和践踏的方式呈现以鸟御蛇的形象,将鸟和蛇两种图腾信仰凝铸在主宰海洋的"人鸟神"身上。这又说明了什么问题呢?

《山海经》所记录的海神体系中存在着呈递关系,即"黄帝生禺𤞤"说。世系为黄帝—禺𤞤—禺强,而黄帝轩辕一族以蛇为图腾的记载也见于《山海经》,如《海外西经》:"轩辕之国……人面蛇身,尾交首上。"[61]266 "轩辕之丘,在轩辕国北,其丘方,四蛇相绕。"[61]267《史记·夏本纪》中还记载了另外一种黄帝谱系:黄帝—昌意—颛顼—鲧—禹。《山海经·海内经》引《归藏·启筮》载:"鲧死三岁不腐,剖之以吴刀,化为黄龙。"[61]537 夏朝的图腾——蛇的另一个重要来源便是对"禹"的解读,据《说文解字》:"禹,虫也。"[74]739 因此有夏人禹族是崇虫部族的说法。禹字所从之虫为虫虺之虫,指毒蛇,此说来自于禹母修巳,王充《论衡·物势》载:"巳,火也,其禽蛇也。"[73]148 实际上,学者王震中在其文章《蛇形龙崇拜与二里头遗址夏都说》中进一步解释:"'禹'这个名号来自其图腾之名,'禹'字的构形为蛇形之龙,只是说明'禹'这一名号的取名来自蛇形之龙,而并非禹本身即为动物。……总之,从上引文献以及禹字的构形等多个方面都可以看出龙是夏族最重要的图腾,而且是蛇形之龙。"[106]

综上所述,结合《山海经》所记载的四渚海神中主神的形象,即"东海之渚中有神,人面鸟身,珥两黄蛇、践两黄蛇",说明海神形象地呈现了图腾融合和征服要素。学者严文明在评述新石器时代的著名彩绘陶器"伊川缸"上的鹳鱼石斧图时强调:"这两种动物应该都是氏族的图腾,白鹳是死者本人所属氏族的图腾,鲢鱼则是敌对氏族的图腾。这位酋长生前必是英武善战的,他曾高举那作为权力象征的大石斧,率领白鹳氏族和本联盟人民,同鲢鱼氏族进行了殊死战斗,取得了决定性的胜利。"这无疑为我们理解《山海经》中海神形象图腾与征服的内涵提供了宝贵的借鉴,以此为基础来理解海神"人面鸟身,珥两黄蛇、践两黄蛇"的形象,便带有了通过凸显"人面鸟身"使役黄蛇来影射以商代夏的政治色彩。

四、从晦海、畏海到驭海的转变

先秦典籍中对于"海"的解释,能够反映出人们对于海的认知。汉代《释名》"释水"条言:"海,晦也,主承秽浊,其水黑如晦也。"[41]19《诗·郑风·风雨》:"风雨如晦,鸡鸣不已。"《毛传》:"晦,昏也。"[25]122"晦"的另一层意思为农历每月的最后一日。例如《春秋·僖公十五年》:"己卯晦,震夷伯之庙。"杨伯峻注:"己卯,九月三十日。"[59]350《说文·日部》:"晦,月尽也。"段玉裁:"引申为凡光尽之称。"[74]305一般而言,海、晦、冥互为疏证,例如朱谦之在校释《老子》"淡若海"时直言:"'海',本或作'晦',为'海'之假借。"《庄子·逍遥游》记载的"南冥""北冥""冥海"代表了广阔无尽的海域。《说文解字》:"冥,幽也,从日从六,一声。日数十,十六日而月始亏,幽也。"[74]312清人段玉裁在《说文解字注》为"晦"字注疏时认为冥、晦义通:"朔者,月一日始苏。望者,月满与日相望似朝君。字皆从月。月尽之字独从日者,明月尽而日如故也,日如故则月尽而不尽也。引申为凡光尽之称……《公羊》曰:晦,昼冥也。《谷梁》曰:晦,冥也。"[74]305由此可知,前人在追溯对海的认知时,突出强调了海水深邃、昏暗和污浊的特点,王子今先生以此为依据强调,中原人对于"海"的知识的"不见",即未知,使得"海"的原始字义来自"晦"[107]。

这恰恰说明先秦海洋观缘起于对海的未知的想象,而这想象通过人们崇拜的海神形象加以体现,其中"精卫"填海和"人鸟神"御海表明了敬畏与驾驭相交织的海洋观念。

精卫鸟的对立意象是"海",轻小的精卫鸟和无际的海洋形成了鲜明对比,凸显了人们在认知海洋时的无力感和恐惧感。《说文解字》云:"海,天池也,以纳百川者。"[74]545强调的是海的博大和广阔;《释名》训海为"晦","主承秽浊，其水黑如晦也"[41]19，强调海是污秽黑暗的象征。而在精卫填海的故事中，引发情节推进的关键环节是精卫因海而亡，这体现了人对于海洋动辄夺人性命的恐怖认知，然而临海而居的生活现实驱动着人们生发了战胜海洋的渴望和斗志，精卫鸟因此而填海。学者文忠祥在其文章《神话与现实——由精卫填海神话谈中国人的海洋观》中进行评述："精卫填海表明的是人们对大水泛滥的忧虑，填海的举动就是要消除水患，而其背后潜在一种对海洋的深深的恐惧心理。"[108]

随着生产工具的进步和人们改造自然能力的增强，在探知海洋的过程中，原始先民具有了一定的主动性，于是出现了人鸟神主控海洋的海神形象。作为重要的历史地理典籍资料，《山海经》关注到了海洋中"渚"的存在。"渚，岛"或"水中小洲名渚"，指水中的陆地或海中的小岛，而这些地方便是四方海神的栖身之地。可以想见，受内陆农业文明的影响，向土而居的思想始终是人们认识自然的核心理念，因此，即便有了能主控海洋的神灵，其栖息之地或巡行之地仍然是海中的陆地或岛屿，呈现的仍然是对茫茫海域的恐慌和畏惧。这一思想特征也始终禁锢着先民探知海洋的脚步。先秦时期将海洋视为"中国""中央"或"九州"相对的"边缘"区域，"四海"被认为是天子边缘的统治区域等，这些都是先秦时期对海洋的重要认知，反映了先秦时期敬畏与驾驭相交织的海洋观念。

综上所述，以《山海经》为代表，先秦文献资料中蕴含了丰富的有关海洋的神话故事，其中"精卫填海"和"人面鸟身"的海神形象最具典型性。这些海神形象的发展、演变呈现了先秦海洋观念中海神崇拜、神权王授、图腾信仰、氏族征伐以及对大海敬畏和驾驭相交织的特点。同时，由于先秦先民受到农耕文明发展的影响，在探知海洋时，先民为海洋赋予了"民以食为天""以海为田""以海为禾"的陆地思维看海洋的特点。此外，对华夏腹地母亲河"黄河"既依赖又敬畏的心理，又使得人们在认知海洋的过程中融入了"先河后海"的认知习惯。可以说，以渔猎经济、半渔猎半农耕经济和农耕经济为实践基础的先秦海洋观的形成和发展历程，体现了海洋文明与农业文明之间的碰撞、融合和发展，体现了海洋文明发展的独特价值及其对推动农业文明发展的重要意义。

第六章　先秦海洋观的重要影响

先秦海洋观的形成是建立在早期人类海洋实践的基础上,先民在识海、亲海、探海和驭海的进程中,逐渐形成并发展了对海洋的认知,构成了先秦海洋观的核心内容。在实际生活中,先秦海洋观又指导着早期先民的海洋实践,发挥了促进族群融合、文化繁荣、思想发展、政治建设和海上丝路等方面持续发展的主观能动性。

一、先秦海洋观与族群融合

早期先民在海洋实践中担任了文化传播和族群融合的使者。东夷文化是中华文明重要源头之一,具体的范围包括了山东全境及其毗邻的广大地区。以龙山文化发源地的山东沿海为基点,参照近代考古发现的分布区域,我们便可以看到龙山文化是分两条途径向外传播的:一条路线是从海上传到辽东半岛及海外,另一条路线是从沿海向内陆发展。在原始氏族社会,仰韶人带着自己的文化,从黄河中上游向东移,龙山人从沿海向西迁徙,终于在河南交会,生成山东龙山文化与河南龙山文化两个分支。

百越文化主要分布在我国东南沿海的江苏、浙江、福建、台湾、广东各省,一面向安徽的长江两岸、江西赣江流域等处传播,另一面向北,在江苏北部与仰韶、龙山两大文化系统交融,同时形成青莲岗文化,并会合仰韶人、龙山人组成共同劳动生息的混合部落。

东夷人与百越人滨海而居,以海为生,把所需的海洋产品运到中原,其中最为突出的便是龟甲和贝币在中原的广泛使用,其中在殷墟妇好墓中就出土了大量海贝,还有鲸的胛骨。这一方面代表了古代先民经略海洋的能力,另一方面表明了民族之间的交流与交融。殷商以来,沿海族群在漂流、航海的实践活动中,逐渐加深了对海洋的认知,提升了开发海洋的能力,在日积月累的实践中,他们的足迹北至渤海,南到南海,形成了环绕于中原腹地、环绕于内陆农耕文明、交融于大河文明的早期海洋文明。春秋战国以来，临海国家主宰了中国早期的海洋文明，主要包括齐国、燕国、莱国、莒国、吴国、越国等。以前文详细梳理的齐、吴、越为例，齐太公受封于东夷之地，"因其俗，简其礼，通商工之业，便鱼盐之利"，春秋时，齐国"历心于山海而国家富"成为"海王之国"，成就其王权霸业；吴、越是"水人居水之国"，在霸业斗争中凭借其强大的舟师之技，奠定了其霸业基础，逐渐形成齐、吴、楚、越之间水上征伐的霸举。同时沿海族群还创造了"以'珠贝、舟楫、文身'等为特征的海洋人文，有别于北方华夏农耕族群所创造的以'金玉、车马、衣冠'为特征的大陆人文"[110]。而后，又有范蠡急流勇退，隐身于海畔，荡舟于海上，探寻于深海，通商于列国，既仰赖于吴、越"居水之国"累积的丰富的海洋实践经验，又在贸易往来和海上探寻中传递着早期海洋文明。

当然，随着航海技术的提升，东夷、百越的先民"不能一日而废舟楫之用"，或"以船为车，以楫为马，往若飘风，去则难从"，先民们通过早期的漂流和后来的航海活动，逐岛迁徙，将海洋文明扩散到朝鲜半岛、日本、东南亚与南太平洋岛屿，奠定了"亚洲地中海"文化圈和"南岛语族"文化圈的初期格局。可以说，东夷和百越海洋族群在经略海洋的实践中增进了族群间的融合，使得中国海岸成为世界海洋文明的重要发祥地之一。

二、先秦海洋观与文化繁荣

纵观先秦时期文献资料对于海洋的记载，我们会发现，根植于古代先民对于海洋认知实践的发展历程，形成了丰富多彩的海洋文化。

首先，诸子百家论"海"丰富，发展了海洋哲学。

春秋战国时期的百家争鸣，是先秦海洋观形成的思想基础，更是海洋哲学形成和发展的沃土良田。

儒家对海洋的认知主要表现在以海喻政、以海喻德、以海喻道、以海喻教，是基于对海洋博大宽广认知基础上的深化，是儒家积极入世海洋观的重要体现。儒家以海喻政的叙述习惯和认知特点在儒家经典中随处可见，如前文所述，海、海内、四海、北海、东海、南海、西海等具有政治含义，而齐景公巡海观政无疑向世人宣告了齐国国力的强大和沿海疆域的广阔。以海喻德取海之深沉、广阔的特点，因此《孔子家语》中以"泰山"之高和"渊海"之大来美誉孔子的品行。以海喻道则取自海之地势低下而容纳百川又波澜壮阔的特点，因此《孔子家语》引金人背铭文"江海虽左，长于百川，以其卑也"[54]85，强调江海谦卑而宽容的品质。同时《孟子·尽心上》强调："观水有术，必观其澜。……流水之为物也，不盈科不行；君子之志于道也，不成章不达。"[58]913君子问道就如同"观水有术"，有感于"流水之为物也，不盈科不行"，最终达到以海为壑、观澜于海的境界便成为君子问道的关键。以海喻教来源于大禹治水之道——"四海为壑"，即百川入海的特性。壑，朱熹集注云"受水处"，然而作为"受水处"的大海实则是循序渐进而成。《荀子·劝学篇》便强调了"积少成多"的治学理念："不积跬步，无以至千里；不积小流，无以成江海。"[63]8用以比喻循序渐进、踏踏实实的努力终将行至千里、终将汇流成海。

道家以海喻道至逍遥境界。前有老子以海之黑晦与不可穷极的特点比喻无私无欲的独我境界，以江海"以其善下"而为百谷之王的特点比喻谦下不争之德；后有庄子以鲲鹏扶摇九万里起述，形成了基于人的自由基础上的超越时空的洒落和逍遥之境，再以海神论道的方式，将这一境界升华至"道"的层面，基于神迹的玄幻，回归天地无为的根本，归因于均平万物和顺应民情的天地人的和谐。

法家继承了以往"四海"代表广阔疆域的认知，但着重强调广阔疆域下治理的意义，又运用大量的历史典故、民间传说和寓言故事，呈现以海喻政的鲜明特点，更进一步客观公正地看待海洋，是"古之全大体"的重要组成部分。

管子以"海内""四海"等代表管辖的辽阔疆域，体现了先秦时期对海洋认知的共性，并进一步将"海内""四海"概念发展为从服于包罗万物的"宙合"。同时，管子以齐国盐业生产和经营作为经略海洋的重要实践，在实践基础上为早期海洋观赋予了鲜明的经济属性，进而形成了著名的"官山海"思想。这一思想的根本目的是服务于王权霸业，这使得早期海洋观的发展带有了鲜明的政治色彩，成为历代统治者"王天下"的重要政策，充分印证了实践决定意识，意识指导实践，并在日益丰富海洋观念中蕴含了丰厚的政治经济学原理。

其次,海神崇拜和海神信仰的进一步发展,成就了独树一帜的海洋文化特色。

从《山海经》对于精卫填海故事的记载,再到其对于东海、西海、北海海神"人面鸟身"形象发展,可以窥见早期海洋观念中海神从雌性鸟的形象转变雄性成人半人半动物的形象,反映了当时的人们掌控海洋能力的增强,但对海洋的认知水平还不够发达。然而,随着扶摇直上九万里的鲲鹏和幻化成人的海神形象——姑射海神出现,表明了人们驾驭海洋能力的提升,对于海洋的认知又回归于自然本身。姑射海神之所以获得超然的境界,则归功于"之德也,将旁礴万物以为一",以德糅合磅礴万物,使其顺应自然而达成协和统一。

然而,海神神迹和超越万物的存在成为后世海神长生的重要思想来源,至秦汉时期便掀起了对神仙方士和长生不老的追求。其中最为典型的是《盐铁论·散不足》中的记载:秦始皇"数巡狩五岳滨海之馆,以求神仙蓬莱之属。数幸之郡县,富人以赀佐,贫者筑道旁"[21]355。《史记》又言:"齐人徐市等上书,言海中有三神山,名曰蓬莱、方丈、瀛州,仙人居之。请得斋戒,与童男女求之。于是遣徐市发童男女数千人,入海求仙人。"[20]247又有《后汉书》对此进一步追述:"……又有夷洲及澶洲。传言秦始皇遣方士徐福将童男女数千人入海,求蓬莱神仙不得,徐福畏诛不敢还,遂于此洲,世世相承,有数万家。"[111]987

不能否认的是,对于普通民众尤其是沿海族群而言,对海神的崇拜往往是出于驱除海洋所带来的危险、保佑衣食无忧的祈愿。如戴一航在其文章中说,妈祖信仰所体现的是为百姓避灾、祈福和保护渔商的作用,这主要与东方文化追求安定祥和的静态特征有关[112]。随着海神信仰中众神形象逐渐融入古老中国的群神体系中,饱含神秘色彩同时又追求平安的海神崇拜也发展成了一种独特的宗教信仰。

最后,先秦典籍中字里行间对海洋的记载推动了海洋文学蓬勃发展。

中国海洋文学伴随着上古先民的海洋实践和海洋认知不断发展。自文学诞生以来,海洋文学便开启了人们对于海洋认知的表达,开启了人们对于海洋实践的记载,开启了人们对于海洋情怀的抒发。上至三皇五帝传说时代的神话故事,下至春秋战国时期王权霸业的山海之利,海洋成为先秦时期传说、寓言、诗歌、散文和先秦诸子等典籍的重要内容,推动了海洋文学的蓬勃发展。作为先秦海洋观思想基础的诸子典籍中有多处对于海洋的描述和讨论,这是先秦海洋文学最重要的内容,在此不再反复引述。各类典籍或文学作品中对于海洋的记载和讨论可以分为如下几个方面:

一是记载人们对于神秘海洋的认知和探索。以《楚辞》和《诗经》为例,作为中国文学史上第一部浪漫主义诗歌总集,《楚辞》中关于"海"的描写众多,《九章》中"吾怨往昔之所冀兮,悼来者之愁愁。浮江、淮而入海兮,从子胥而自适。望大河之洲渚兮,悲申徒之抗迹"[80]100-101;《九怀》中"济江海兮蝉蜕,绝北梁兮永辞"[113]251;《九思》中"遵河皋兮周流,路变易兮时乖。沥沧海兮东游,沐盥浴兮天池"[113]294等等,描绘了河流入海的景象以及"沧海""天池"等海洋的别称。《天问》中有"川谷何洿? 东流不溢,孰知其故"[113]59,表达对茫茫大海变幻莫测原因的叩问。又如《诗经·商颂·长发》中有"相土烈烈,海外有截"[22],记述了商代人们涉足海外的实践经历。

二是记载人们对于海洋的开拓和驾驭。对于海上开拓活动,最为著名的当属齐景公巡海观政。有《韩非子·外储说右上》记载:"景公与晏子游于少海,登柏寝之台而还望其国,曰:'美哉! 泱泱乎,堂堂乎! 后世将孰有此?'"[67]312又有《说苑·正谏》记载:"齐景公游于海上而乐之,六月不归。告左右曰:'敢有先言归者,致死不赦。'颜烛进谏曰:'君乐治海,不乐治国,彼若有治国者,君安得乐此海乎?'遂归。中道,闻国人谋不内之。"[62]又见《孟子·梁惠王下》记载了齐宣王与孟子谈到齐景公向晏子征询巡海观政:"吾欲观于转附、朝舞,遵海而南,放于琅邪,吾何修而可以比于先王观也?"[58]119上述记载串联起齐景公海上巡行的全过程,生动具体,又引起人们深思:齐景公长达半年的巡海观政的基础必然是齐国雄厚的国力支撑、强大的舟师护卫、完备的海上交通、深远的海权控制、先进的航海技术、繁荣的海上贸易、丰厚的海洋资源及开发等等,而这些无不依赖于沿海先民日积月累的海洋实践和坚韧不拔的探寻精神。毋庸置疑的是,在先秦典籍文献中,上述内容均有所记载,构成了海洋文学最鲜活的素材和最厚重的积累。

三是记载人们对于海洋的想象和演绎。在先秦文献典籍中,对海洋神灵和神话的记载,显现了人们对于海洋无尽的想象和人们对于征服海洋的热切的期盼。例如《淮南子》记载的浴于咸池的海上日出;《山海经》讲述的精卫填海、风雨雷电诸神和四方海神;《孟子》描述的舜居海而忘天下;《庄子》中的北冥之鲲、东海之鳌、姑射海神、江海之士和避世之人;《史记》记述的大瀛海之外赤县神州上的神兽。这些海洋神灵和神话是先秦海洋文化瑰丽的色彩,呈现了古代先民从畏惧海洋的神秘莫测,到惊叹海洋力量的超乎寻常,到幻化出超越人类驾驭海洋的众多海神,再到回归对海洋的客观认知即能够驾驭海洋的终究是人类,展现了早期先民从恐惧海洋、敬畏海洋、探索海洋到驾驭海洋的发展历程,寓神话于实践,以实践发展认知,塑造了具有中国特色的海洋神话的发展历程,成为海洋文化中颇具特色的组成。

四是记载人们对于海洋的利用和经营。在先秦典籍中,对于海洋的利用和经营的记述是浓墨重彩的一笔。古代先民在掌握了以匏济水、乘桴、作舟、作篙桨、作柁楼、作维牵、作舵加以篷碇帆樯、作楼船等技术后,其对于海洋的利用和开发也越来越成熟。《竹书纪年》记载,夏朝的帝芒"狩于海,获大鱼"[78]。《管子》:"渔人入海、海深万仞,就彼逆流,乘危百里,宿夜不出者,利在水也。"[68]1015从狩于海到宿夜逆深海而上,便描述了人们对于海洋之利的追逐。对于沿海族群而言,其衣食住行均来自海洋之利,因而积累了丰富的利用和经营海洋的经验。先秦文献中对于"盐贡""海贡"的记载,对于"渔盐之利""舟楫之便"的阐释,对于"官山海""海王之国"的讨论,勾勒出了古代先民日积月累临海而居的逐利于海的生活轨迹,更描绘出了经略海洋对于王权霸业的重要意义,使得古老的海洋文明与农耕文明相辅相成,共同推动了中华文明的源远流长。

三、先秦海洋观与喻道论政

在先秦诸子所奠定的海洋观的思想基础领域中,以海喻道和以海论政是非常重要的一个内容,这也成为先秦海洋观呼应现实、回应历史的重要表现。

首先,以海洋的辽阔比喻人的道德的高远。这一认知主要来源于《老子》"譬道之在天下,犹川谷之于江海"[57]132,老子所言的道如江海般博大而宽容。《孔子家语》描写了齐国的太史子敬佩孔子的品德:"乃今而后知泰山之为高,渊海之为大。"[54]291以"泰山"之高和"渊海"之大来美誉孔子的品行。同样,《孟子·尽心上》强调:"孔子登东山而小鲁,登泰山而小天下。故观于海者难为水,游于圣人之门者难为言。观水有术,必观其澜。日月有明,容光必照焉。流水之为物也,不盈科不行;君子之志于道也,不成章不达。"[58]913-914对于孔子品学境界的讨论不再停留于个人层面,而是将其延展为"圣人之门",以"观于海者难为水"的评价来突出孔学之士问道治学所追求的以海为壑、观澜于海的深远境界。至《荀子·劝学篇》则以大海"积少成多"的品质来揭示"积善成德而神明自得,圣心备焉"的道理,通过"不积跬步,无以至千里;不积小流,无以成江海"[63]8的方式方法锤炼个人的心性、品质和学识。

接着,以海洋的逍遥之境来强调以德糅合磅礴万物,追求顺应自然的和谐统一。这是《庄子》心向自然涉海观的核心内容,无论是扶摇九万里的鲲鹏,还是肤若冰雪的姑射海神,抑或是避世而居的"江海之士"和"避世之人",在庄子所勾画的海洋意境、海洋神话和海神形象中,均依托于大海之博大深远、依赖于大海拍岸搏击的伟大力量、立足于海洋终将融于自然万物的运行规律中,因此,唯有"明白于天地之德者,此之谓大本大宗,与天和者也;所以均调天下,与人和者也。与人和者,谓之人乐;与天和者,谓之天乐"[64]458,回归天地无为的根本,归因于均平万物和顺应民情的天地人的和谐。

随后,在观海、治海的实践中逐渐生成了以海论政的思想。《韩非子·外储说右上》:"景公与晏子游于少海,登柏寝之台而还望其国曰:'美哉!泱泱乎,堂堂乎,后世将孰有此?'晏子对曰:'其田成氏乎!'景公曰:'寡人有此国也,而曰田成氏有之,何也?'"[67]312-313

齐景公巡海观政的经历为众家注疏所津津乐道,然而《韩非子》一书在叙述此事时却借用众所周知的巡海观政来明示如何才能真正拥有"美哉!泱泱乎,堂堂乎"的国家。究竟什么品行能够匹配"美哉!泱泱乎,堂堂乎"的国家呢?

晏子对曰:"夫田成氏甚得齐民,其于民也,上之请爵禄行诸大臣,下之私大斗斛区釜以出贷,小斗斛区釜以收之。杀一牛,取一豆肉,余以食士。终岁,布帛取二制焉,余以衣士。故市木之价不加贵于山,泽之鱼盐龟鳖赢蚌不加贵于海。"[67]312

然而齐景公不能真正拥有"美哉!泱泱乎,堂堂乎"的国家,其原因在于"君重敛,而田成氏厚施",因此"齐尝大饥,道旁饿死者不可胜数也,父子相牵而趋田成氏者不闻不生"。若想在观海望国时,能够实至名归地驾驭如大海般浩瀚无边、雄伟壮阔的国家,就要做到"则近贤而远不肖,治其烦乱,缓其刑罚,振贫穷而恤孤寡,行恩惠而给不足,民将归君,则虽有十田成氏其如君何!"[67]313也就是只有任人唯贤、德法兼治、恩威并施、体恤百姓、正清民和,才能匹配"美哉!泱泱乎,堂堂乎"之大国。

四、先秦海洋观与官职设置

《周礼》博大精深地绘就了先秦时期系统而完整的官制体系,融合了古代官制、军制、田制、礼制、法律、经济、文化、教育、科技等各项制度,为我国秦汉以来历代国家机构建制提供了全面的参照体系。《周礼》在所设定的官制体系和职能分工中,围绕"海洋"设置了一系列职官,体现了早期先民对于海洋实践经验的积累和运用,更表明了先秦海洋观的发展及其对经济政治生活的参与。

与海洋事务密切相关的职官设置大体上可分为如下几个类别:

第一类,管理海洋事务的专职,主要是指对渔政的管理,服务于王室对鱼类的需求。

《周礼·天官》设置了专门管理渔业的职官,称为"渔人"。详细记载如下:"渔人,中士二人,下士四人,府二人,史四人,胥三十人,徒三百人。"[40]30其具体职责包括:"渔人掌以时渔为梁。春献王鲔。辨鱼物,为鲜薧,以共王膳羞。凡祭祀、宾客、丧纪,共其鱼之鲜薧。凡渔者,掌其政令。凡渔征,入于玉府。"[40]300-303总体看来,"渔人"职下是一个庞大的群体,不仅有从事运输的胥、徒,并且人数达到300,在职能运作上呈现了一定规模,同时,还有副职、保管和记录人员,诸职联合主要负责掌管王室所需的鱼物,保证王室鱼鲜供应的质量、保存以及相关政令的运行。

第二类,与渔猎生活密切相关,与"渔人"形成联职,负责管理和供应海洋资源的职官群体。

《周礼·天官·冢宰》之下还设置了"鳖人"一职,职下还设置了"下士四人,府二人,史二人,徒十有六人"[40]31,具体职责包括:"鳖人掌取互物,以时籍鱼鳖龟蜃,凡狸物。春献鳖蜃,秋献龟鱼。祭祀,共蠯、蠃、蚳,以授醢人,掌凡邦之籍事。"[40]304-308概括起来,根据时令季节,"鳖人"主要负责鱼、鳖、龟、蜃的供应,醢酱原料的供应和渔猎工具的保管等工作。

与"鳖人"形成联职的还有《周礼·地官·司徒》职下"掌蜃",单独负责了"蜃"物的供应,职下设有"下士二人、府一人、史一人、徒八人"[40]680,具体职责包括:"掌蜃掌敛互物、蜃物,以共闉圹之蜃,祭祀、共蜃器之蜃,共白盛之蜃。"郑玄注:"互物,蚌蛤之属。"[40]1218-1219又《国语·晋语》曰:"雀入于海为蛤,雉入于淮为蜃。"注云:"小曰蛤,大曰蜃。皆介物,蚌类也。"[51]452由此可知,"掌蜃"主要掌管甲壳类的海洋软体动物。

从职责内容上,可以看出"渔人""鳖人"和"掌蜃"在职能上相互配合,"渔人"倾向于供奉王室的海洋生鲜质量的甄别和守藏,"鳖人"则主要负责根据时令季节对海洋生鲜的猎取、供应和分配,"掌蜃"专职的设置则可以看出人们探索海洋以来,经过甄选之后的对于海洋资源尤其是对龟、贝、蚌等甲壳类海洋动物食用及对甲壳的使用。

第三类,负责保存、加工等服务类专职,使得海产品的管理形成完整的运作体系。

由于海产品是王室日常生活或重大祭祀、燕飨所需之物,必然涉及对这些物产的保存和加工。《周礼·天官·冢宰》之下设有"凌人"一职,职下领有"下士二人,府二人,史二人,胥八人,徒八十人"[40]35,主要负责"掌冰,……春始治鉴,凡外内饔之膳羞,鉴焉"[40]374,其中外、内饔膳馐所需要的冰鉴由凌人供应,作为膳馐重要的品类——海产生鲜的保存必然需要凌人冰鉴的供应和保障。

在《周礼·天官》所设置的职官群体中,有相当一部分职官专门负责王室日常起居生活,其中与饮食加工相关的便包括了膳夫、庖人、内饔、外饔、

亨人、笾人、醢人等,这些职官所掌管的与鱼、鳖、龟、蜃相关的职责包括:

膳夫:"掌王之食饮膳羞,……掌后及世子之膳羞。"[40]235 也就是一切与膳食有关的事宜由膳夫总控。

庖人:"凡其死生鲜薧之物,以共王之膳与其荐羞之物及后、世子之膳羞。……凡令禽献,以法授之,其出入亦如之。凡用禽献,春行羔豚,膳膏香;夏行腒鱐,膳膏臊;秋行犊麛,膳膏腥;冬行鲜羽膳膏膻。"[40]258-264 涉及对于海产生鲜之物的辨别、春夏秋冬的时令供应等事宜。

如果说膳夫和庖人的职责倾向于对海产生鲜的辨别、出入、分类和加工等事宜的总体把控,那么内饔、外饔和亨人则主要负责具体"割亨煎和之事",如内饔"掌王及后、世子膳羞之割亨煎和之事"[40]268,外饔"掌外祭祀之割亨"[40]277,亨人"职外内饔之爨亨煮"[40]282,无一例外,海产生鲜也是三职联合加工的重要食材。

除去膳食加工之外,在王室起居生活和祭祀活动中,还包括馐笾酱物等副食的加工制作,其中包含了对于海洋生鲜产品的食用。例如笾人所掌"四笾之实"中便包括了"朝事之笾。其实麷、蕡、白、黑、形盐、膴、鲍鱼、鱐"[40]379,包含了盐务和对于鲍、鱐的食用规则等。醢人所掌"四豆之实"便包含了"馈食之豆,其实葵菹、蠃醢、脾析、蠯醢、蜃、蚳醢、豚拍、鱼醢。加豆之实,芹菹、兔醢、深蒲、醓醢、箈菹、雁醢、笋菹、鱼醢"[40]401-402,其中醢酱的原料包含了大量例如蜃、鱼之类的海产品。

第四类,负责海盐的加工和供应。

海盐的提炼和加工一直是近海邦国促进经济社会发展的重要产业支撑,这其中最为典型的便是齐国。据《史记·货殖列传》载:"太公望封于营丘,地潟卤,人民寡。于是太公劝其女功,极技巧,通鱼盐,则人物归之,至而辐凑。"[20]3255 可以说"通鱼盐"之利是促进齐国发展的关键。在"通鱼盐"之利的基础上,管子又提出了著名的"官山海"政策,此政策的核心便是通过对盐务和盐税的把控和调整,达到集聚财富、增强国力的目的。因此,盐官的设置也成为必然。

《周礼·天官·冢宰》强调"以五味、五谷、五药养其病"[40]326,作为五味之一的咸味,其核心来源——盐的供应是由专职负责,即"盐人",职下领有

"奄二人,女二十人,奚四十人"[40]37,专门负责"掌敖之政令,以共百事之盐"[40]411。其中"百事之盐"分为"祭祀共其苦盐、散盐,宾客共其形盐、散盐,天之膳羞共怡盐"。散盐即为海盐,它被广泛地食用于祭祀和燕飨活动中。此外,在《汉书·地理志》中"盐官"的设置,其分布范围北至辽东南至南海,使得盐务包括盐的生产、管理、销售等均在王朝的管控之下。

综上所述,在先秦的官职体系中,对于海洋类职官的设置呈现了位低而职重的特点,这些专职或联职在官职体系中大都居于从属地位,但是他们所从事的与海产生鲜、渔猎、盐业密切相关的职能,却与王室和百姓生活、生产存在着密切的关系。海洋类职官的存在无疑是先秦时期依赖于海洋实践而形成的海洋观念在上层建筑中的集中反映,无论是海洋政务管理还是海洋强国思想的起源均得到充分的体现和证明。

五、先秦海洋观与海上丝路

先秦时期,人们从旧石器时代开始走向海洋,在新石器时代乘独木舟开启近海航行;经虞夏至殷商,木板船的发明引领近海流域海洋文明时代的到来,推动先秦时期的海洋观从未见未知走向实践实知,具有了鲜明的开创性;厚重的行海经商经验的积累又引领了后世海上丝绸之路的开拓和发展。

据《史记·南越列传》集解引张晏曰:"越人于水中负人船,又有蛟龙之害,故置戈于船下,因以为名也。"[20]2975另据广东珠海市高栏岛宝镜湾发现的三处距今4000—5000年的岩画,"天才石岩画中的船长85厘米,船头细长尖翘,有一鸟头饰物;船身由两条线构成,船中竖一长竿,竿高75厘米,竿上飘一旗幡状物体;船下刻有水波纹"[114],均反映了先秦时期造船和航海技术的发展。基于航海技术和经验的不断提升,在中国沿海区域逐渐形成了向东北可以航行至今辽东半岛一带的航路,向南可以通往今浙江、福建、台湾一带的航路,为后世行海经商奠定了基础。具体而言,向北"开辟了从山东半岛出发,经朝鲜半岛,再东渡日本的航路,与朝鲜、日本等国进行海上丝绸贸易",向南"最迟在南越国时期,通往东南亚和南亚的海上丝绸之路已经开通,岭南越族是开拓中国海上丝绸之路的先行者"[115]214。

《汉书·地理志》称海上丝绸之路为"交趾之道"。据记载,"该航线从徐闻、合浦始发,沿北部湾海域,经过今东南亚和南亚诸国,最远到达印度东海岸和已程不国(今斯里兰卡),航路全长达 8000 公里,来回需要两年的时间(需要等季风)。虽然我们现在还无法判断这支船队的规模,但从船上配备有译长(翻译人员)、应募者(出发前在广西一带招募的船工和水手),船上带有大量的黄金和'杂缯'(布匹)等推测,该船非一般的民船或商船。因为这次航行的组织者属于皇宫直属的黄门(属少府),又有派去这些国家充当汉朝'威仪'的任务,所以这次航行的船只应是具有官船性质的豪华船只"[114]。这也是秦汉之际关于海上丝绸之路南海航线、管理和运输的最完备的记载。

众所周知,"自武帝以来皆献见"。自汉武帝始开通海上丝绸之路,东南亚和南亚诸国与汉朝开启了"朝贡贸易",对中国以及中亚和欧洲都产生了巨大影响。此后,以汉武帝元鼎六年(111)平南越为标志,开启了王朝主导传统海洋的时代,至明宣德八年(1433)郑和下西洋结束,中华传统海洋文明进入了发展期和繁荣期[109]6。唐朝灭亡之后,"随着中国经济文化中心的南移,以及亚洲内陆地区政治局势的持续动荡",海上丝绸之路的地位不断凸显,逐渐成为连接中国与世界的主要纽带。[116]8 在 2000 多年的行海经商岁月中,中国通过古代海上丝绸之路与海外国家的交往,始终是以和平的方式,逐渐筑就了古代海上丝绸之路上国与国之间和平、合作和友谊的发展之路,成为"21 世纪海上丝绸之路"宝贵的精神来源。

结　语

先秦海洋观的形成建立在沿海先民经略海洋的实践基础上,从晦海、畏海到亲海、驭海的转变,体现了先秦海洋观不平凡的发展历程。

首先,广袤无垠的辽阔海域和沿海近郊贝丘遗址遗存是先秦海洋观形成的前提基础。在渔猎文明、半渔猎半农业文明、农业文明融合发展的进程中,从考古发掘中贝类遗存、渔猎用具、航海工具、饮食结构和丧葬风俗等方面的成果可以看出先秦时期先民探索海洋、征服海洋的实践不仅关系到生存、生产方式,更体现了人们认知海洋的日渐成熟。

其次,日渐成熟的海洋观指导和丰富着早期先民开发海洋、利用海洋的实践。随着人们对海洋认知的日益深入,随着王朝更替、思想争鸣时代的到来,圣人先贤纷纷将大海的特质、精神、神迹融入坐而论道的主张和观点里,呈现了诸子各派以海论教、以海论道、以海品德、以海论政、以海论策等鲜明特点。这是促进先秦海洋观蓬勃发展的思想基础。

最后,也是最重要的,随着先秦诸子对于海洋认知和理解的不断深化,随着早期先民经略海洋能力的不断增强,随着农耕文明的不断发展,先秦海洋观的核心内容逐渐形成。受到"以陆地思维看海洋""先河后海"等思想的影响,先秦海洋观主要包含了从典型的疆域概念中看先秦时期的海疆意识、以征服控制为主题的海权意识、以"官山海"为核心的海政思想、以"舟楫之利"为核心海商思想、以贝饰和蚌饰为主体的就地取材的海洋审美、以"毋竭川泽"为代表的原始自然生态保护意识。

诚然,先秦海洋观的形成既源于日积月累的海洋实践,又源自圣人先哲们对于海洋认知的继承、发展和弘扬,最终回归到对于早期先民生活和实践的指导。通过早期海洋文明与农业文明之间的碰撞、融合和发展,先秦海洋观推动了族群融合、文化繁荣、思想发展、政治建设、行海经商、海上丝路等方面不断发展,体现了传统海洋文明发展的独特价值及其对推动农业文明和海洋文明持续发展的重要意义。

参 考 文 献

[1]赵荦.中国沿海先秦贝丘遗址研究[D].上海:复旦大学,2014.

[2]韩建业.中华文明的起源[M].北京:中国社会科学出版社,2021.

[3]安志敏.记旅大市的两处贝丘遗址[J].考古,1962(2):76-81.

[4]中国大百科全书总编辑委员会.中国大百科全书:考古学[M].北京:中国大百科全书出版社,2002.

[5]顾颉刚,刘起釪.尚书校释译论[M].北京:中华书局,2005.

[6]孙星衍.尚书今古文注疏[M].陈抗,盛冬铃,点校.北京:中华书局,1986.

[7]班固.汉书选[M].顾延龙,王煦华,选注.北京:中华书局,1962.

[8]皮锡瑞.今文尚书考证[M].盛冬铃,陈抗,点校.北京:中华书局,1989.

[9]陈奇猷.吕氏春秋新校释[M].上海:上海古籍出版社,2002.

[10]河北黑龙港地区地下水综合科学考察取得重大成果[N].光明日报,1978-02-28.

[11]曾运乾.尚书正读[M].上海:华东师范大学出版社,2011.

[12]曲金良.中国海洋文化的早期历史与地理格局[J].浙江海洋学院学报,2007,24(3):1-11.

[13]广东省珠海文化研究会岭南考古研究专业委员会,中山大学地球科学系,英德市人民政府,等.英德牛栏洞遗址:稻作起源与环境综合研究[M].北京:科学出版社,2013.

[14]金志伟,张镇洪,区坚刚,等.英德云岭牛栏洞遗址试掘简报[J].江汉考古,1998(1):14-20,13.

[15]英德市博物馆,中山大学人类学系,广东省文物考古研究所.英德史前考古报告[M].广州:广东人民出版社,1999.

［16］国家文物局.中国考古 60 年 1949—2009［M］.北京:文物出版社,2009.

［17］王仁湘.论我国新石器时代的蚌制生产工具［J］.农业考古,1987(1):145 - 155.

［18］李岚.中国史前蚌器研究［D］.太原:山西大学,2016.

［19］杨国忠,张国柱.1984 年秋河南偃师二里头遗址发现的几座墓葬［J］.考古,1986(4):318 - 323.

［20］司马迁.史记［M］.北京:中华书局,1959.

［21］王利器.盐铁论校注［M］.北京:中华书局,1992.

［22］安志敏,江秉信,陈志达.1958—1959 年殷墟发掘简报［J］.考古,1961(2):63 - 76,3 - 5.

［23］马承源.亢鼎铭文:西周早期用贝币交易玉器的记录［J］.上海博物馆集刊,2000(8):120 - 123.

［24］童书业.中国手工业商业发展史［M］.上海:上海人民出版社,2019.

［25］高亨.诗经今注［M］.上海:上海古籍出版社,1980.

［26］杜青林,孙政才,游修龄.中国农业通史:原始社会卷［M］.北京:中国农业出版社,2008.

［27］王芬,栾丰实,宋艳波.山东即墨市北阡遗址 2007 年发掘简报［J］.考古,2011(11):3 - 23,113,97 - 100.

［28］王芬,樊榕,康海涛,等.即墨北阡遗址人骨稳定同位素分析:沿海先民的食物结构［J］.科学通报,2012,57(12):1037 - 1044.

［29］聂政.胶东半岛大汶口文化早期的聚落与生业［D］.济南:山东大学,2013.

［30］胡耀武,李法军,王昌燧,等.广东湛江鲤鱼墩遗址人骨的 C、N 稳定同位素分析:华南新石器时代先民生活方式初探［J］.人类学学报,2010,29(3):264 - 269.

［31］吴汝祚.山东省长岛县砣矶岛大口遗址［J］.考古,1985(12):1068 - 1083,1145,1084,1153 - 1154.

[32]林公务.福建闽侯庄边山遗址发掘报告[J].考古学报,1998(2):171-227,267-270.

[33]林公务,王振镛,林聿亮.闽侯溪头遗址第二次发掘报告[J].考古学报,1984(4):459-501,541-548.

[34]曾凡.闽侯县石山遗址第六次发掘报告[J].考古学报,1976(1):83-119,151-166.

[35]陈红冰,何纪生.广东南海县灶岗贝丘遗址发掘简报[J].考古,1984(3):203-211.

[36]李子文,李岩.广东南海市鱿鱼岗贝丘遗址的发掘[J].考古,1997(6):65-76,100.

[37]莫稚.南粤文物考古集:1955—2002[M].北京:文物出版社,2003.

[38]广西壮族自治区文物考古训练班,广西壮族自治区文物工作队.广西南宁地区新石器时代贝丘遗址[J].考古,1975(5):295-301,326-327.

[39]傅宪国,李新伟,李珍,等.广西邕宁县顶蛳山遗址的发掘[J].考古,1998(11):11-33.

[40]孙诒让.周礼正义[M].王文锦,陈玉霞,点校.北京:中华书局,1987.

[41]徐友兰.融经馆丛书[M].清光绪中会稽徐氏八杉斋刊本.

[42]郭沫若.中国古代社会研究[M]//郭沫若著作编辑出版委员会.郭沫若全集:历史编:第一卷.北京:人民大学出版社,1982.

[43]洪迈.容斋随笔[M].北京:知识出版社,2015.

[44]罗颀.物原[M].北京:商务印书馆,1937.

[45]李跃.再议河姆渡人的水上交通工具[J].东方博物,2003:18-26.

[46]席龙飞.中国古代造船史[M].武汉:武汉大学出版社,2015.

[47]张瑜.跨湖桥文化独木舟:世界上最古老的舟船[J].中国三峡,2008(2):9-13.

[48]李道平.周易集解纂疏[M].北京:中华书局,1994.

[49]何宁.淮南子集释[M].北京:中华书局,1998.

[50]宋忠,秦嘉谟.世本八本[M].上海:商务印书馆出版,1957.

[51]徐元诰. 国语集解[M]. 王树民,沈长云,点校. 北京:中华书局,
2002.

[52]何志标. 跨湖桥独木舟对探索中国舟船文化发端的重要意义[J].
武汉船舶职业技术学院学报. 2012(6):23 - 28.

[53]程树德. 论语集释[M]. 程俊英,蒋见元,点校. 北京:中华书局,
1990.

[54]迟双明. 孔子家语全鉴[M]. 北京:中国纺织出版社,2016.

[55]郭璞. 尔雅[M]. 杭州:浙江古籍出版社,2011.

[56]王聘珍. 大戴礼记解诂[M]. 北京:中华书局,1983.

[57]朱谦之. 老子校释[M]. 北京:中华书局,1984.

[58]焦循. 孟子正义[M]. 沈文悼,点校. 北京:中华书局,1987.

[59]杨伯峻. 春秋左传注[M]. 北京:中华书局,1990.

[60]刘向. 战国策[M]. 上海:上海古籍出版社,1988.

[61]袁珂. 山海经校注[M]. 成都:巴蜀书社,1992.

[62]刘向,赵善诒. 说苑疏证[M]. 上海:华东师范大学出版社,1985.

[63]王先谦. 荀子集解[M]. 北京:中华书局,1988.

[64]郭庆藩. 庄子集释[M]. 王孝鱼,整理. 北京:中华书局,1961.

[65]李强华.《庄子》海洋意象中超越意蕴之探微[C]//上海海洋大学
海洋文化研究中心. 首届海洋文化与城市发展国际研讨会论文集. 上海:
2010:38 - 45.

[66]金午江,金向银. 谢灵运山居赋诗文考释[M]. 北京:中国文史出版
社,2009.

[67]王先慎. 韩非子集解[M]. 钟哲,点校. 北京:中华书局,1998.

[68]黎翔凤. 管子校注[M]. 北京:中华书局,2004.

[69]马非百. 管子轻重篇新诠[M]. 北京:中华书局,1979.

[70]燕生东,张小嫚. 近年来东周时期齐国盐业考古新发现[J]. 盐业史
研究,2022(4):3 - 17.

[71]孙诒让. 墨子间诂[M]. 孙启治,点校. 北京:中华书局,2001.

[72]孙希旦. 礼记集解[M]. 北京:中华书局,1989.

[73]黄晖.论衡校释[M].北京:中华书局,1990.

[74]许慎,段玉裁.说文解字注[M].上海:上海古籍出版社,1981.

[75]《十三经注疏》整理委员会整理.十三经注疏:尚书正义[M].北京:北京大学出版社,1999.

[76]杨伯峻.列子集释[M].北京:中华书局,1979.

[77]林惠祥.中国东南区新石器文化特征之一:有段石锛[J].考古学报,1958(3):1-23,125-126,131-138.

[78]周幼涛.越文化的区系[N].绍兴文理学院报,2012-10-25(5).

[79]沈约.竹书纪年[M].上海:上海商务出版社,1985.

[80]朱熹.楚辞集注[M].蒋立甫,校点.上海:上海古籍出版社,2001.

[81]袁康,吴平.越绝书全译[M].俞纪东,译注.贵阳:贵州人民出版社,1996.

[82]赵晔,吴庆峰.吴越春秋[M].济南:齐鲁书社,2000.

[83]赵君尧.先秦海洋文学时代特征探微[J].职大学报,2008(2):12-17.

[84]章巽.章巽文集.北京:海洋出版社,1986.

[85]逄振镐.东夷古国史论[M].成都:成都电讯工程学院出版社,1998.

[86]陈炎.海上丝绸之路对世界文明的贡献[J].今日中国,2000,50(12):50-52.

[87]中国航海学会.中国航海史:古代航海史[M].北京:人民交通出版社,1988.

[88]于省吾."鄂君启节"考释[J].考古,1963(8):442-447,10.

[89]宋镇豪.夏商社会生活史[M].北京:中国社会科学出版社,1994.

[90]中国社会科学院考古研究所.新中国的考古发现和研究[M].北京:文物出版社,1984.

[91]裴文中.中国史前时期之研究[M].上海:商务印书馆,1959.

[92]张镇洪,傅仁义,陈宝峰,等.辽宁海城小孤山遗址发掘简报[J].人类学学报,1985(1):70-79,107-108.

[93]周国兴,尤玉柱.北京东胡林村的新石器时代墓葬[J].考古,1972(6):12-15.

[94]许玉林,苏小幸.大连市郭家村新石器时代遗址[J].考古学报,1984(3):287-329,402-409.

[95]郑玄,孔颖达.毛诗正义[M]//阮元.十三经注疏.北京:中华书局,1980.

[96]《十三经注疏》整理委员会整理.十三经注疏:礼记正义[M].北京:北京大学出版社,1999.

[97]孔子.猗兰操[M]//沈德潜.古诗源:14卷.北京:中华书局,1963.

[98]于运全."以海为田"内涵考论[J].中国社会经济史研究,2004(1):17-21.

[99]房玄龄.晋书[M].北京:中华书局,1974.

[100]胡厚宣.甲骨文合集释文[M].北京:中国社会科学出版社,1999.

[101]魏晓璐,蒋桂芳.黄河文化:华夏文明的重要源头[N].河南日报,2022-07-19(5).

[102]朱建君.从海神信仰看中国古代的海洋观念[J].齐鲁学刊,2007(3):43-48.

[103]陈子艾.海神初探[M]//叶大兵.中国渔岛民俗.温州:温州市民俗文化研究所,1993.

[104]安居香山,中村璋八.纬书集成[M].石家庄:河北人民出版社,1994.

[105]马缟.中华古今注[M].北京:中华书局,1985.

[106]王震中.蛇形龙崇拜与二里头遗址夏都说[N].光明日报,2021-04-10(10).

[107]王子今.上古地理意识中的"中原"与"四海"[J].中原文化研究,2014(1):5-11.

[108]文忠祥.神话与现实:由精卫填海神话谈中国人的海洋观[J].青海社会科学,2012(5):204-209.

[109]吕振羽.史前期中国社会研究[M].石家庄:河北教育出版社,

参考文献

2000.

[110]杨国桢.中华海洋文明的时代划分[J].海洋史研究,2014(1):3 -13.

[111]王先谦.后汉书集解[M].北京:中华书局,1984.

[112]戴一航.妈祖文化与海洋神灵信仰[J].语文学刊,2012(6):94,105.

[113]黄寿祺,梅桐生.楚辞全译[M].贵阳:贵州人民出版社,1990.

[114]阎根齐.我国南海海洋文明的起源及特征[J].南海学刊,2021,7(1):51 -58.

[115]彭年.中国古代海洋文化的先驱[C]//中国秦汉史研究会,中山大学历史系,西汉南越王博物馆.南越国史迹研讨会论文选集.北京:文物出版社,2005.

[116]龚缨晏.关于古代"海上丝绸之路"的几个问题[J].海交史研究,2014(2):1 -8.

后　记

匆匆忙忙间,先秦海洋观的学习和研究工作暂时告一段落了。我的心中却留下了很多遗憾。

或是因为常年繁重的教学任务,或是因为千头万绪的教学服务工作,或是因为同时推进的科研工作纷至沓来,或是因为引领学生成长的一位班主任的初心和使命,或是因为身为母亲需要陪伴孩子长大的责任……这些都成为一再压缩先秦海洋观研究的时间,甚至搁置该项研究工作的客观因素。然而,曾经近十年的学习经历和积累,使我的心中始终存留着对先秦史研究的热爱,而这份热爱牵动着我无论如何都要完成这项已经开启却又不停被中断的研究工作,但遗憾也日积月累地留存下来:除了没有充足的学习和研究时间外,在具体研究工作中还存在资料收集不全面、专题设置不够科学、问题讨论不全面、书写论述不深入等诸多问题。当然,遗憾生成的同时又成了我日后持续关注和研究该项目的动力。

当然,感谢也始终与遗憾伴生。

特别感谢多年来耕耘于早期海洋文明研究工作的学者们,他们持续不断的研究和成果的产出,如同旭日朝阳一般照亮了学习者前进的道路。始终记得,我在学习刘青先生《先秦时期的海洋观》时内心的敬佩,这一研究让我看到了先秦海洋观研究优秀成果的同时,激起了我参与这项研究的兴趣,成为我开启研究的动力;不会忘记,我在学习赵荦先生《中国沿海先秦贝丘遗址研究》时内心的惊讶,这一巨著仿佛将早期先民近海、探海、驭海和亲海的实践大幕缓缓拉开,通过对丰硕的考古成果的梳理,让我获得了一分对于参与早期海洋文明研究的自信;还曾感叹,我在学习李岚先生《中国史前蚌器研究》时内心的感慨,这一成果让我感受到与早期海洋探索相关的史前考古的精细化梳理和研究始终是中国先秦海洋观研究的基础,它为这一领域的研究逐渐走向全面和深入提供保障。当然,先秦海洋观的相关研究不止于此,日积月累的名家研究和新秀探讨始终是支撑我坚持完成这一课题的基础,或学习知识,或引用观点,或提炼史料,或寻找论据……它们均以注释的方式呈现在字里行间的书写中。在此向各位学者表达最诚挚的感谢,感谢学者们孜孜不倦的研究,为像我一样的后学者夯实了学习和研究的根基。

我深知,目前这项阶段性的研究成果问题众多,祈请专家学者批评指正。

未来,我会坚持不懈地向各位专家学者学习,守护学术研究的初心,一路向前……

张燕

2023 年 9 月